AF391396

APERÇU

SUR

L'ESPAGNE VINICOLE

Henri KEHRIG

DIRECTEUR DE LA *FEUILLE VINICOLE DE LA GIRONDE*

APERÇU

SUR

L'ESPAGNE VINICOLE

ACCOMPAGNÉ D'UNE

CARTE COLORIÉE DE LA PRODUCTION VINICOLE
DE L'ESPAGNE

Dressée d'après des documents fournis à l'Auteur par le Ministère de l'Agriculture d'Espagne

DE DIAGRAMMES

ET DE PLANCHES EN LITHOGRAPHIE

PARIS
BORDEAUX

G. MASSON, ÉDITEUR
FERET ET FILS, ÉDITEURS

Boulevard St-Germain, 120
Cours de l'Intendance, 15

MADRID

FERNANDO FÉ, LIBRAIRE

Carrera de San Jerónimo, 2

1887

INTRODUCTION

Ce n'est pas sans intention que le nom
d' « Aperçu » est placé en tête de ce travail.
Nous ne saurions, en effet, prétendre donner
en ces courtes pages une étude complète de
l'Espagne vinicole.

Il y aurait beaucoup à dire, à divers points
de vue, sur ce pays et sa richesse vinicole;
notre travail n'est donc qu'un jalon qui pourra
servir à une étude approfondie.

En attendant, nous nous estimerons heureux
s'il a contribué, dans une mesure aussi faible

qu'elle soit, à resserrer les liens qui unissent l'Espagne à la France, deux nations alliées par l'origine et les intérêts.

1er Juillet 1887.

N. B. — Les documents statistiques qui accompagnent cet Aperçu ont été puisés aux sources officielles, mises gracieusement à notre disposition par la Direction générale de l'agriculture, du commerce et de l'industrie et par la Direction générale des douanes d'Espagne.

EXPLICATIONS COMPLÉMENTAIRES

DE LA CARTE VINICOLE

Nous aurions voulu présenter au lecteur une carte vinicole détaillée, et non un simple tableau de la production; mais toutes les données nécessaires à la réalisation de ce désir ne sont pas encore en notre possession. Peut-être pourrons-nous, plus tard, combler cette lacune.

Les provinces où le phylloxera a fait des ravages sont considérées, dans les proportions de cette carte, comme étant encore en pleine production.

Afin de ne pas multiplier les catégories des provinces qui produisent peu de vin, nous avons englobé ces dernières dans les chiffres de 80,000 hectolitres et au-dessous; mais il y a lieu de remarquer que la récolte est si faible en certaines contrées, qu'on peut la considérer comme nulle : telles sont les provinces d'Oviédo, de la Corogne et de Guipuzcoa, qui donnent de 1,000 à 2,000 hectolitres. Celles de Santander et de Biscaye ne dépassent pas de 12 à 14,000 hectolitres.

Pour les îles Canaries, dont la carte ne fait pas mention, on peut compter 10,000 hectolitres.

Tous ces chiffres, sur la base d'une récolte totale de 20 millions d'hectolitres.

CHAPITRE PREMIER

Le peu de valeur du vin il y a quarante ans. — Les mesures prises aujourd'hui contre les falsificateurs. — La marche du phylloxera.

Le temps n'est plus, en Espagne, où l'on jetait le vin de la récolte précédente pour faire place à la récolte nouvelle! C'est qu'autrefois la vaisselle vinaire n'y abondait pas comme aujourd'hui.

Il y a moins de quarante ans, l'on y voyait faire du mortier avec du vin.

Un voyageur anglais, est-il dit dans un rapport consulaire adressé en 1859 au gouvernement britannique, en traversant, il y a quelques années, la ville d'Aranda-de-Duero (Vieille-Castille), vit des maçons employer du vin au lieu d'eau pour pétrir du mortier; et comme il s'en étonnait, on lui apprit que ce n'était pas là un fait inaccoutumé, et on lui assura qu'il y avait, dans la ville, plusieurs maisons bâties avec des mortiers préparés de la même manière (1).

Dans le même rapport il est également dit : « Le propriétaire d'un grand vignoble de Huesca, en Aragon, m'a assuré que la sécheresse avait été si grande l'été dernier, et les produits de la vendange tellement abondants, que si un arrosage avait été nécessaire à ses vignes, il lui eût été plus facile de le faire avec du vin qu'avec de l'eau. »

Ce propriétaire ajoutait qu'ayant eu besoin, quelques années auparavant, de faire de la place dans son chai pour y loger le vin nouveau, il avait offert de vendre son vin de la récolte précédente au prix de 50 centimes les 18 litres, mais que n'ayant pu en obtenir même un *réal* (25 cent.), il s'était vu obligé de le sacrifier complètement en le répandant sur le sol.

(1) *Bulletin de la Société centrale d'Agriculture de l'Hérault*, 1861.

Les faits de cette nature étaient fréquents
à l'époque dont nous parlons; il suffit de
parcourir le pays pour les entendre rapporter
par des gens encore peu âgés. Un Navarrais
nous disait, il n'y a pas longtemps, avoir vu, en
1841 ou 1842, donner une charge de vin de 10
à 11 *cantaros* de 11 litres l'un pour une charge
de bois de la valeur de 75 centimes. Le même
vit un jour à Allo, près Estrella, payer 2 fr.
par foudre à des hommes chargés d'en retirer
le vin pour le jeter sur le chemin, la récolte
nouvelle étant proche. A la même époque, un
propriétaire embarrassé de son vin avise un
charbonnier qui revenait avec sa mule débar-
rassée de son chargement et lui offre de la
charger de vin. — Allons goûter d'abord, fait
nonchalamment notre homme, qui ne voulait
pas s'embarrasser d'un vin d'une qualité infé-
rieure...

Le mot est typique et se passe de com-
mentaire.

Combien les temps sont changés!
En diminuant la production chez les uns, le

phylloxera est venu donner une valeur inespé-
rée à celle des autres, affirmant une fois de
plus la puissance des infiniment petits!

Quel formidable levier cet insecte microsco-
pique n'a-t-il pas été dans le mouvement viticole universel! Il a provoqué la plantation en
vignes d'étendues de terrain immenses et de
toute nature! Quel essor n'a-t-il pas donné aux
diverses méthodes de culture, de greffage, de
vinification et, hélas! de falsification!

Cette dernière pratique, on doit à la vérité
de le dire, n'a pas toujours été mise en usage
en Espagne par des Espagnols...

A ce propos il est bon de reproduire les
résolutions récemment votées à l'unanimité
par l'Institut agricole catalan de San-Isidro,
touchant la fabrication et l'adultération des
vins :

1° Solliciter de tous les députés de la Catalogne aux
Cortés la présentation d'un projet de loi qui prohibe
absolument la fabrication du vin à l'aide d'autre chose
que du raisin ;

2° Que si par tolérance on permet les mélanges et
la fabrication, qu'il soit rendu obligatoire d'indiquer

sur les fûts le nom de la fabrique et celui de la commune où cette dernière est située;

3° Que les produits de fabrication artificielle soient grevés d'un impôt de consommation égal à celui qui frappe les produits naturels. De plus, que les dites fabriques soient imposées d'un tarif spécial de contribution industrielle qui vienne compenser la taxe si élevée que les viticulteurs paient à titre de contribution territoriale.

Ajoutons que depuis plusieurs années les débitants de vins, à Madrid, sont l'objet de fréquentes visites de la part d'employés spéciaux, délégués par la municipalité et chargés de prélever des échantillons des vins mis en vente dans leurs débits. En dehors des poursuites dont sont l'objet les débitants chez lesquels on découvre des vins falsifiés, leurs noms et adresses sont publiés.

Qui pourrait dire enfin les misères que le terrible puceron a accumulées là où il est passé et celles qu'il occasionnera là où il passera! Car il continue sans cesse sa marche envahissante; pour lui les monts et les mers ne sont point un obstacle infranchissable; ce qui n'empêche pas certains optimistes, en Espagne comme ailleurs, de croire encore qu'un fossé qui les sépare d'un vignoble infesté les protége contre le fléau.

Bien que la présence du phylloxera n'ait encore été constatée officiellement qu'en Catalogne, ainsi que dans les provinces de Malaga et de Grenade, on peut assurer que le puceron est dans nombre de lieux non encore désignés. Mais en Espagne, comme jadis en France, beaucoup de viticulteurs se refusent à admettre que le fléau phylloxérique puisse les atteindre — on croit facilement ce qu'on désire — et ils ne conviendront du contraire que lorsque la production de leurs vignes aura par trop diminué... en attendant que l'arbuste succombe. Beaucoup disent : *Lo que ha de ser ne puede faltar,* « ce qui doit être ne peut manquer d'arriver ». Ceux-là ne commenceront les traitements antiphylloxériques que lorsqu'il ne sera plus temps.

CHAPITRE II

Le vin, qui n'avait commencé d'être réellement un objet de commerce d'exportation pour l'Espagne qu'à l'époque où l'oïdium frappait les autres pays, tout en n'épargnant pas ce premier, était redevenu, dès que la maladie cryptogamique fut enrayée, un produit de faible valeur. Mais l'impulsion était donnée, les débouchés ouverts : l'exportation reprit une marche ascendante dès 1859 ; et le phylloxera, se chargeant de reprendre l'œuvre dévastatrice de l'oïdium, dans les proportions gigantesques que l'on sait, l'exportation des vins d'Espagne allait grandissant jusqu'en 1882, pour diminuer ensuite, mais légèrement, sous les efforts des autres pays de production : l'Italie, la Hongrie, l'Algérie, etc., qui veulent aussi produire du vin et l'exporter.

Le tableau ci-après, ainsi que le diagramme qui suit, appuieront ce qui précède :

Exportation des vins d'Espagne, de toute nature, de 1850 à 1886 :

Années	Hectolitres	Années	Hectolitres
1850	621,834	1869	1,797,663
1851	721,712	1870	1,503,467
1852	762,498	1871	1,688,560
1853	945,056	1872	1,961,586
1854	1,154,145	1873	2,643,917
1855	1,174,952	1874	2,117,298
1856	1,237,517	1875	2,068,913
1857	1,660,681	1876	1,838,611
1858	953,092	1877	2,265,895
1859	1,114,227	1878	2,906,806
1860	1,403,283	1879	3,870,085
1861	1,267,877	1880	6,220,870
1862	1,224,973	1881	7,032,600
1863	1,202,800	1882	7,671,108
1864	1,356,726	1883	7,661,473
1865	1,900,414	1884	6,510,568
1866	1,119,105	1885	7,178,479
1867	1,311,630	1886	7,639,981
1868	1,816,873		

EXP° à 1886

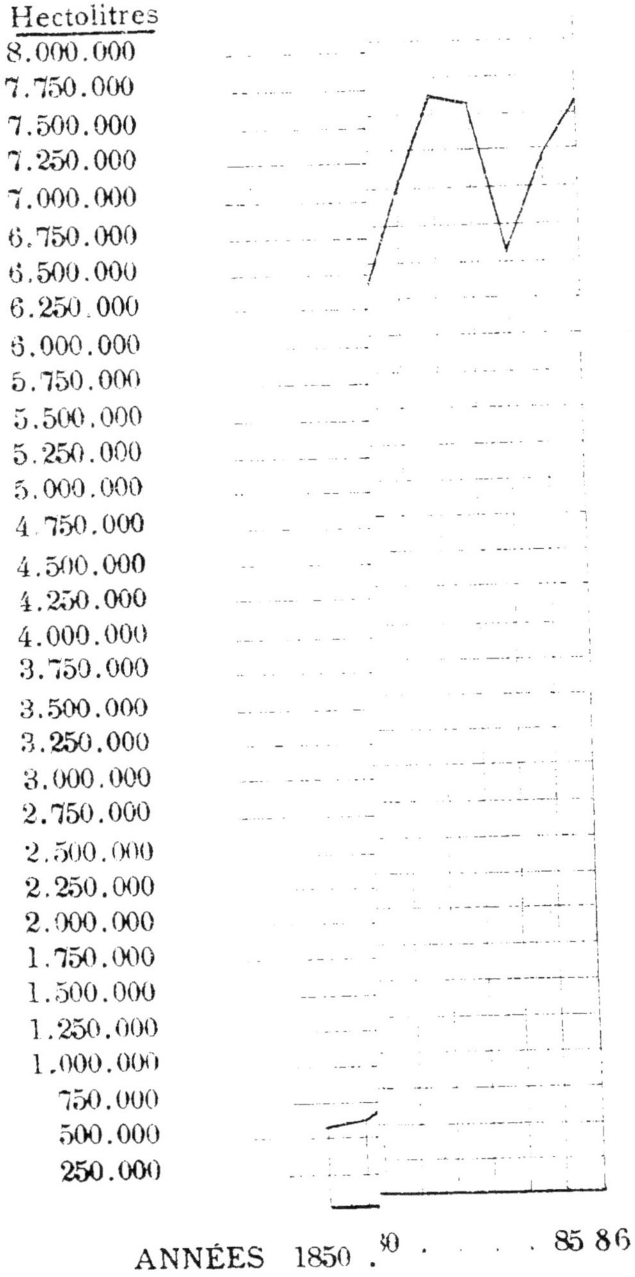

Hectolitres
8.000.000
7.750.000
7.500.000
7.250.000
7.000.000
6.750.000
6.500.000
6.250.000
6.000.000
5.750.000
5.500.000
5.250.000
5.000.000
4.750.000
4.500.000
4.250.000
4.000.000
3.750.000
3.500.000
3.250.000
3.000.000
2.750.000
2.500.000
2.250.000
2.000.000
1.750.000
1.500.000
1.250.000
1.000.000
750.000
500.000
250.000
ANNÉES 1850 60 85 86

EXPORTATION des VINS d'ESPAGNE de 1850 à 1886

Vins Rouges, Blancs et de Liqueurs

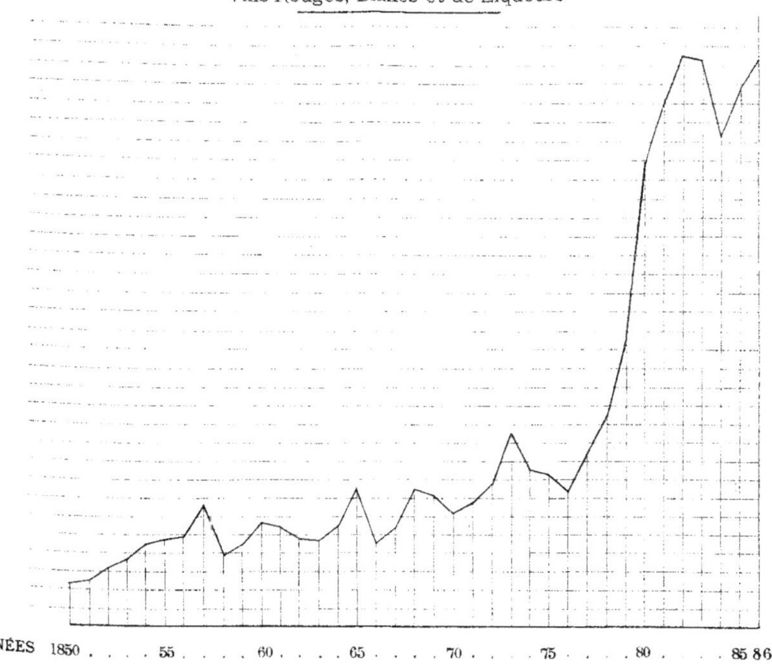

Voici, d'autre part, le détail des quantités afférentes aux trois catégories de vins dits communs, de Jérez et généreux, exportés pendant les années 1885 et 1886.

	1885	1886
	Hectolitres.	Hectolitres.
Vins communs ou de coupage. .	6.890.711	7.228.045
Vins de Jérez ou Xérès	187.634	287.093
Vins généreux ou de liqueur . .	100.134	124.843

Les envois en Amérique, de 265.645 hectolitres en 1850, atteignent, en 1884, 1,120,649 hectolitres, comme suit :

	1850	1884		1850	1884
	Hectolitres.	Hectolitres.		Hectolitres.	Hectolitres.
Cuba. . . .	185.465	469.732	Nouvelle-		
Brésil . . .	7.507	7.691	Grenade	14	8.701
Équateur.	—	5.153	Pérou . . .	—	158
États-Unis	23.092	63.531	Plata. . . .	28.098	385.679
Chili. . . .	—	30	San-Salvador .	—	80
Guatemala	—	993	St-Domingue .	—	1.579
Honduras	—	1.964	Uruguay .	1.512	199.250
Mexique..	13.081	24.330	Venezuela	6.276	11.655

On voit que si l'importance des envois faits au Brésil est restée stationnaire, il n'en est pas de même pour les autres destinations.

Exportation des vins d'Espagne en 1884

avec indication

DES BUREAUX DOUANIERS DE SORTIE.

BUREAUX Douaniers DE SORTIE	DESTINATIONS			TOTAL
	EUROPE et AFRIQUE	AMÉRIQUE	ASIE et OCÉANIE	
	Hectolitres	Hectolitres	Hectolitres	Hectolitres
Alicante	750.019	1.530	»	751.549
Altea.........	910	»	»	910
Santa Pola...	80.979	»	»	80.979
Torrevieja ...	1.487	4	»	1.491
Almeria	»	6	»	6
Badajoz......	4.053	»	»	4.053
Albuquerque.	8	»	»	8
Barcelone....	192.501	681,397	15.644	889.542
Villanueva et Geltru.	5.934	»	»	5.934
Valencia de Alcantara	22.239	»	»	22.239
Cadix........	95.631	26.302	3.435	125.068
Algésiras	97	»	»	97
Bonanza.....	1.684	13	»	1.697
Campo de Gibraltar.	193	»	»	193
Jérez	150.354	13.156	91	163.601
Puerto de Santa Maria	38.742	13,465	4	52.211
Puente Mayorga	274	»	»	274
San Fernando	253	»	»	253
Vinaroz......	70.139	»	»	70.139
Benicarlo....	177,969	»	»	177.969
Grao de Castellon	17,855	»	»	17,855
Corogne.....	39	375	»	414
A reporter.	1.611.360	736.248	18.874	2.366.482

BUREAUX Douaniers DE SORTIE	DESTINATIONS			TOTAL
	EUROPE et AFRIQUE	AMÉRIQUE	ASIE et OCÉANIE	
	Hectolitres	Hectolitres	Hectolitres	Hectolitres
Report...	1.611.360	736.248	18.874	2.366.482
Port-Bou	929.049	"	"	929.049
Palamos.....	350	"	"	350
Puerto de la Selva..	3.372	"	"	3.372
Puigcerda....	949	"	"	949
Rosas	11.632	"	"	11.632
Cadaqués	7.183	"	"	7.183
Escala.......	1.000	"	"	1.000
Junquera	5.972	"	"	5.972
Albuñol	7.668	"	"	7.668
Almuñecar...	2	"	"	2
St-Sébastien..	"	4	"	4
Béhobie	4.637		"	4.637
Pasages......	243.689		"	243.689
Irun	901.906	"	"	901.906
Huelva......	84.303	9.843	"	94.146
Moguer......	49.811	"	"	49.811
Canfranc	11.889		"	11.889
Benasque	57		"	57
Bielsa.......	26		"	26
Plan	21	"	"	21
Sallen.......	8	"	"	8
Lés	333	"	"	333
FargadeMoles	2.992		"	2.992
Bordetta.....	39	"	"	39
A reporter.	3.845.248	746.095	18.874	4.610.217

BUREAUX Douaniers DE SORTIE	DESTINATIONS			TOTAL
	EUROPE et AFRIQUE	AMÉRIQUE	ASIE et OCÉANIE	
	Hectolitres	Hectolitres	Hectolitres	Hectolitres
Report....	3.845,248	746,095	18.874	4.610.217
Bossot........	85	»	»	85
Vivero........	2	»	»	2
Malaga	87.998	11,475	95	99.568
Carthagène...	3,166	4	475	3,645
Dancharinea..	4,165	»	»	4.165
Echalar......	157	»	»	157
Isaba........	74	»	»	74
Valcarlos....	10,188	»	»	10.188
Vigo	5.193	1.489	22	6.704
Carril.......	13	»	»	13
Alberqueria..	2	»	»	2
Santander ...	7.855	14.608	471	22.934
Séville.......	41.770	544	»	42.314
Tarragone...	453,784	109.498	»	563.282
Salon	2.300	»	»	2.300
Valence	616.614	254.556	2.410	873.580
Bilbao.......	35.717	48	221	35.986
Palma de Mallorca	98.220	12.792	»	111.012
Ibiza........	8	»	»	8
Porto-Colon..	124.319	»	»	124.319
Soller.......	12	»	»	12
Douanes au-dessous d'un hectolitre..	1	»	»	1
TOTAUX...	5,336,891	1,151,109	22.568	6.510.568

Exportation des vins d'Espagne

PAR CATÉGORIES DE VINS ET PAYS DE DESTINATION

en 1884.

PAYS DE DESTINATION	VINS communs ou de coupage dits *de pasto*	VINS de Jerez et similaires	VINS généreux ou de liqueur	TOTAL
	Hectolitres	Hectolitres	Hectolitres	Hectolitres
Allemagne ...	51,369	7,868	9,546	68,783
Algérie......	58,112	»	273	58,385
Autriche.....	7	»	»	7
Belgique.....	5,580	1,269	1,027	7,876
Danemarck...	533	846	1,340	2,719
France.......	4,761,793	28,922	60,407	4,851,122
Hollande	19,794	4,127	6,941	30,862
Angleterre...	86,348	145,577	4,939	236,864
Gibraltar	6,953	»	216	7,169
Italie........	22,433	35	2,434	24,902
Maroc.......	38	15	»	53
Norwège.....	212	345	»	557
Portugal.....	26,331	511	4	26,846
Russie.......	5,370	5,354	1	40,725
Suède.......	2,153	6,213	1,632	9,998
Possessions françaises en Afrique.....	23	»	»	23
Ile de Cuba..	404,721	1,796	3,215	409,732
Porto-Rico...	17,266	2,378	1,482	21,126
Brésil.......	7,654	27	10	7,691
A reporter.	5,476,690	205,283	93,477	5,775,440

PAYS DE DESTINATION	VINS communs ou de coupage dits *de pasto*	VINS de Jérez et similaires	VINS généreux ou de liqueur	TOTAL
	Hectolitres	Hectolitres	Hectolitres	Hectolitres
Report....	5,476,690	205,283	93,477	5,775,440
Équateur	2,897	»	2,256	5,153
États-Unis ...	46,733	16,011	787	63,531
Chili	5	25	»	30
Guatemala ...	957	36	»	993
Honduras	1,961	3	»	1,954
Mexique	17,237	6,986	107	24,330
Nouv^{lle}-Grenade	3,296	1,395	4,013	8,704
Pérou	147	»	11	158
La Plata.....	378,330	4,544	2,805	385,679
San Salvador.	80	»	»	80
St-Domingue.	1,225	164	190	1,579
Uruguay.....	191,900	5,146	2,204	199,250
Venezuela....	6,324	1,147	4,184	11,655
Possessions danoises en Amérique..	2	»	»	2
Possessions françaises en Amérique ..	252	»	»	252
Possessions anglaises en Amérique ..	7,035	2,164	»	9,199
Iles Philippines.	21,028	1,243	151	22,422
Indes anglaises.	147	»	»	147
TOTAL.....	6,156,246	244,147	110,175	6,510,568

Exportation des vins d'Espagne
Par catégorie de vins, en 1885 et 1886.

CATÉGORIES de VINS	DESTINATIONS	1885	1886
		Hectolitres	Hectolitres
Vins communs ou de coupage, dits de pasto.	France	5.497.996	5.954,840
	Angleterre	97,637	110,214
	Reste de l'Europe et de l'Afrique	186,068	172,480
	Amérique espagnole.	430,673	428,419
	» étrangère.	657,508	541,658
	Asie et Océanie.....	20,829	15,734
Vins de Jérez et similaires.	France.............	29,344	437,737
	Angleterre	104,235	100,306
	Reste de l'Europe et de l'Afrique	49,833	48,289
	Amérique espagnole.	3,415	3,898
	» étrangère.	29,659	26,268
	Asie et Océanie.....	1,148	595
Vins généreux ou de liqueur.	France.............	57,638	72,962
	Angleterre	4,729	7,046
	Reste de l'Europe et de l'Afrique	23,462	24,815
	Amérique espagnole.	4,030	4,855
	» étrangère.	10,094	10,679
	Asie et Océanie.....	181	4,491
	Total....Hectolitres.	7,178,479	7,639,981

Avant l'oïdium, on payait le vin, dans la province de Valence, de 1 fr. 30 à 2 francs les 11 litres. Puis vinrent les demandes du dehors, — adressées à des gens qui généralement croyaient que leurs vins ne pouvaient voyager sans se détériorer — et le prix du *cantaro* de 11 litres atteignit, dans cette province, de 3 fr. 90 à 5 fr. 45, selon les qualités.

Dans un rapport adressé à son gouvernement, en date du 17 novembre 1858, M. Charles Barrie, vice-consul d'Angleterre à Valence, établissait, comme suit, le prix moyen de l'hectolitre, dans les achats faits en vue de l'exportation par le port de Benicarlo :

1853.	36 fr.	1856.	59 fr.
1855.	56 fr.	1857.	67 fr. [1]

Toujours avant l'oïdium on payait :
Province de Séville, l'*arrobe* de 16 litres, de

---

[1] *Rapports des secrétaires d'ambassade et de délégation de S. M. la reine d'Angleterre.* — Voir le Bulletin de la Société centrale d'Agriculture de l'Hérault. 1861. — À l'occasion de la maladie de la vigne qu'on nomme oïdium, le gouvernement anglais avait ordonné une enquête spéciale sur la situation viticole et vinicole de divers pays.

1 fr. 25 à 2 fr. 50; après l'oïdium, ces prix quintuplèrent (1).

Province de Cadix, la *bota* de 495 litres, 175 francs; après, de 400 à 500 francs (2).

Dans la province de Barcelone, le vin, avant la maladie, valait seulement de 30 à 50 centimes les 4 litres et demi (3).

Au même moment, à Malaga, les vins blancs secs, d'un an, étaient vendus de 10 à 12 réaux (2 fr. 50 à 3 fr.) l'arrobe de 16 litres, et les doux des montagnes de Lagryma, ainsi que ceux de Moscatel, de 15 à 18 réaux (3 fr. 75 à 4 fr.). Mais en 1857, le prix des premiers atteignit 40 réaux (10 fr.) et celui des seconds 48 réaux (12 fr.) (4).

A Saragosse, la *cantara* de 16 litres, de 1 fr. 10 à 1 fr. 60; après, de 2 fr. à 2 fr. 90.

A Zamora, la *cantara* de 16 litres, 1 fr. 50;

(1) Rapport de M. J.-B. Williams, consul anglais à Séville, 20 novembre 1858.

(2) Rapport de M. Brackenbury, consul anglais à Cadix, 22 novembre 1858.

(3) Rapport de M. Baker, consul à Barcelone, 10 décembre 1858.

(4) Rapport de M. Mark, consul à Malaga, 16 décembre 1858.

après, 4 fr. 75, c'est-à-dire aussi cher qu'en 1884 et 1885 (1).

Actuellement, l'échelle des prix est aussi étendue que variées sont les qualités : on trouve des vins depuis 12 jusqu'à 40 francs l'hectolitre et au-dessus, sans parler des Jérez et autres sortes liquoreuses. Une moyenne qui nous paraît assez juste, englobant tous les vins d'Espagne à l'exception de ces dernières catégories, est celle de 19 francs l'hectolitre, sans logement, pris au vignoble.

(1) Vignoble de Zamora. — Récolte de 1884, prix de début, en novembre et décembre : 12 réaux (3 fr.) le *cantaro* (15 lit. 960), à la propriété. De janvier à juin 1885, hausse progressive de 12 à 18 réaux. — Récolte de 1885, prix de début, en novembre 1885, de 15 à 20 réaux, selon qualité. — Récolte de 1886, prix de début, octobre, novembre et décembre 1886, de 14 à 16 réaux ; de janvier à mai, baisse progressive jusqu'à 10 réaux ; fin mai, relèvement à 12 réaux.

CHAPITRE III

L'exportation des raisins de table frais et secs.

L'exportation des raisins de table, frais et secs, est l'objet d'un commerce dont l'importance, depuis plusieurs années, se chiffre par 20, 25 et 30 millions de pesetas par an.

On verra dans les tableaux qui suivent quels sont les pays de destination de ces raisins. L'Angleterre occupe le premier rang, puis viennent les États-Unis et la France.

Exportation des raisins frais de table

(UVAS)

en 1884, 1885 et 1886.

PAYS de DESTINATION	KILOGRAMMES	PAYS de DESTINATION	KILOGRAMMES
Allemagne...	21.230	*Report*...	11.705.591
Danemarck..	6,075	États-Unis...	199.138
France......	670,568	Mexique.....	4.514
Hollande....	3.550	Nouvelle-Grenade..	80
Angleterre...	10.088.375	La Plata.....	6.080
Portugal.....	660.339	Possessions	
Russie......	183,464	anglaises en	
Suède.......	40,523	Amérique..	350
Ile de Cuba..	48.711	Iles Philippines.	9.914
Porto-Rico..	43.056	Arabie..... .	1.168
A reporter.	11.705,591	Total p. 1884.	11,923.835

Total pour l'année 1885 : Kilogr. 12.169.210
—   1886   —   19,216.366

N.-B. — Depuis quelques années, la place de Bordeaux reçoit d'Espagne des raisins noirs et blancs, qui sont vendus sur les marchés au prix de 50 à 60 centimes le demi-kilogramme, au détail, avec d'autant plus de facilité que ces fruits sont les premiers arrivés et qu'il en arrive encore quand ceux du pays ont disparu.

Exportation des raisins secs de table

(PASAS)

en 1884, 1885 et 1886.

PAYS de DESTINATION	KILOGRAMMES	PAYS de DESTINATION	KILOGRAMMES
Allemagne...	360.011	*Report...*	16,347,205
Algérie......	359.913	États-Unis...	12,790,662
Belgique.....	82.126	Honduras....	1,144
Danemarck..	552.625	Mexique.....	50,180
France......	1.955,190	N^{lle}-Grenade..	51,619
Hollande....	151.995	La Plata.....	293,541
Angleterre...	12.048.177	St-Domingue.	1.125
Gibraltar....	22.673	San-Salvador.	150
Italie........	45.558	Uruguay.....	253,420
Portugal.....	7.437	Venezuela ...	14.648
Russie......	32.310	Possessions	
Suède.......	422.239	anglaises en	
Ile de Cuba..	213,731	Amérique..	313,050
Porto-Rico...	93,220	Iles Philippines.	23.124
Équateur....	17.370	Indes anglaises	1.000
A reporter,	16.347,205	Total p. 1884.	30,158,238

Total pour l'année 1885 : Kilogr. 33.226.257

— 1886 — 38,646,194

Depuis un certain temps les raisins secs de
Californie, en caisses comme ceux d'Espagne,

et qu'on expédie notamment sur les principales places des États-Unis, nuisent à l'écoulement des provenances espagnoles.

Qui ne connaît ces plantureuses grappes aux grains comprimés, ridés par la dessiccation, d'un goût exquis lorsqu'elles sont de choix? Ce sont les *pasas* de Malaga et de Valence, provenant en général du cépage Moscatel. Mais il faut faire une différence entre les raisins séchés au soleil (*pasas de sol*) et ceux passés au four: les premiers sont les meilleurs. A Malaga, où le soleil chauffe davantage qu'à Valence, le four n'est guère employé.

Malheureusement il y a une ombre à ce tableau. Avant le phylloxera, à Malaga, on estimait à 75,000 hectares, en plaine, l'étendue des vignes de Moscatel pour *pasa*, mais le terrible insecte en a détruit plus de la moitié.

CHAPITRE IV

Pour parler du territoire espagnol, on nous dispensera de rééditer la description si bien faite par les géographes; nous nous bornerons à dire que ce territoire s'étend sur 50,703,600 hectares, y compris les îles Baléares et les îles Canaries. Il est divisé en 49 provinces qui sont, par ordre alphabétique :

Alava.	Badajoz.	Cadix.	Cuenca.
Albacete.	Barcelone.	Castellon.	Gérone.
Alicante.	Biscaye.	Ciudad-Real.	Grenade.
Almeria.	Burgos.	Cordoue.	Guadalajara.
Avila.	Cacérès.	Corogne.	Guipuzcoa.

Huelva.	Malaga.	Santander.	Valence.
Huesca.	Murcie.	Saragosse.	Valladolid.
Jaen.	Navarre.	Ségovie.	Zamora.
Léon.	Orense.	Séville.	
Lérida.	Oviedo.	Soria.	ILES
Logroño.	Palencia.	Tarragone.	Baléares.
Lugo.	Pontevedra.	Téruel.	Canaries.
Madrid.	Salamanque.	Tolède.	

Ces provinces, moins les îles, sont groupées comme suit, en sept grandes régions orographiques :

Bassin Ibérique. — Alava, Logroño, Navarre, Saragosse, Huesca, Téruel, Lérida, Tarragone, Barcelone, Gérone.

Bassin Édétan. — Castellon, Valence, Murcie, Alicante, Albacete, Cuenca.

Bassin Bétique. — Cordoue, Jaen, Grenade, Séville, Cadix.

Bassin Orétan. — Guadalajara, Madrid, Tolède, Ciudad-Real, Cacérès, Badajoz, Huelva.

Versant Méridional. — Alméria, Malaga.

Bassin Castillan. — Zamora, Salamanque, Valladolid, Burgos, Soria, Avila, Ségovie, Palencia, Léon.

Versant Septentrional. — Orense, Pontevedra, Corogne, Lugo, Oviedo, Santander, Guipuzcoa.

Enfin voici l'ancienne classification, dont la reproduction nous paraît utile, car on parle encore et souvent de la « Catalogne », de « l'Aragon », etc.; il est bon de savoir, quand on les cite, quelles sont les provinces qui se trouvent comprises sous ces désignations :

Nouvelle-Castille. — Madrid, Tolède, Guadalajara, Cuenca, Ciudad-Real.

Vieille-Castille. — Burgos, Logroño, Santander, Soria, Ségovie, Avila.

Léon. — Palencia, Valladolid, Léon, Zamora, Salamanque.

Estrémadure. — Badajoz, Cacérès.

Catalogne. — Barcelone, Tarragone, Lérida, Gérone.

Aragon. — Saragosse, Huesca, Téruel.

Navarre. — Navarre.

Provinces Basques. — Biscaye, Guipuzcoa, Alava.

Asturies. — Oviédo.

Galice. — Corogne, Lugo, Orense.

Andalousie. — Séville, Cadix, Huelva, Cordoue, Jaen.

Royaume de Grenade. — Grenade, Alméria, Malaga.

Royaume de Murcie. — Murcie, Albacete.

Royaume de Valence. — Valence, Alicante, Castellon.

Les dernières statistiques établies en 1885 par les Conseils provinciaux d'agriculture fixent à 1.695,602 hectares l'étendue totale des vignobles espagnols; mais si l'on tient compte des réticences apportées dans leurs déclarations par les propriétaires, qui redoutent une augmentation d'impôts chaque fois que l'administration les questionne sur ce qu'ils possèdent, on peut arrondir le chiffre à 1,800,000 hectares, desquels toutefois il y a lieu de déduire les pertes occasionnées jusqu'ici par le phylloxera, que les plantations nouvelles ne sont pas arrivées à couvrir, au moins en ce qui concerne la production.

Très nombreuses sont les variétés de cépages qu'on cultive. Mais il faut remarquer que le même cépage change souvent de nom, selon la contrée où il se trouve. Ce fait, d'ailleurs, n'est pas propre à l'Espagne seulement; en France, où les travaux ampélographiques ont atteint un haut degré de perfection, on rencontre, dans un même département, le même cépage sous des noms divers. Un tableau de synonymie des cépages serait donc une chose utile, afin d'éviter les confusions qui se produisent fréquemment et qui ne sont pas sans causer quelques désagréments aux viticulteurs.

Pour ne citer qu'un ou deux cépages espagnols et leurs synonymes en divers lieux, prenons le Listan commun et le Pedro-Ximénez ou Jiménez.

LISTAN COMMUN :

Listan à San-Lucar-de-Barrameda et à Chipiona, *Palomina blanche* à Xérès ou Jérez, Trébugéna, Arcos, Espéra et Pajarète ou Paxarète; *Palomino* à Conil, Tarifa, e c.; *Tempranilla* à Rota, Trébugéna et Grenade; *Orgasuela* à Puerto-de-Santa-Maria; *Ojo-de-Liebre* à Lebrija; *Tempranas blanches* à Malaga, etc.; *Temprana* ou *Temprano* à Algésiras, Ronda, Motril, Grenade, les Alpujarra, Guadix, Baza, Rivière de l'Almanzora, etc.; *Albar* à Grenade et dans plusieurs villages de cette province.

PEDRO-XIMÉNEZ OU JIMÉNEZ :

Pedro-Ximénez à San-Lucar, Jérez, Trébugéna, Arcos, Espera, Paxarète ou Pajarète, Moguer, Algésiras, Malaga, Motril, Ravin de Poqueira, Grenade,

Baza, Somontin, Cabra, Lucena, etc.; *Pedro-Ximen*
à Malaga, Ximénez dans toute l'Andalousie; Uva
Pedro-Ximénez à Aranjuez et Ocaña (1).

Le Carignane, le Mourvédre, le Grenache, le
Morrastel et autres variétés qu'on trouve en
France, principalement dans le Midi, sont
originaires d'Espagne.

Que le lecteur nous permette de placer ici
la nomenclature des sortes de raisins pour vin
ou de table connus dans la seule province de
Barcelone, la plus importante, il est vrai,
comme plantations de vignes (2).

Alcazar, Afarta pobles, Barba rose d'Italie, Bardala,
Bentrobat ou Capblanch, Blanquet, Blanqueta, Bonal-
labo, Botallal, Boto-de-gall, Caival de Clops, Caixal,
Calop blanc et noir, Calop maillorqui, Canocazo,
Cariñena, Carrega, Carrega ruschs, Cascabellitu, Cas-
tella, Confitura, Cullo-de-gall, Cruixent, Daidesco
d'Italie, Domenech, Embeca, Erralls, Esmirna, Espar-

____

(1) Voir *Essai sur les variétés de la vigne qui végètent en
Andalousie*, par Simon Rexas Clemente, traduction de Cannels,
1814, p. 225 et 320. — Bibliothèque de la ville de Bordeaux.
(2) Nous laissons à ces noms leur orthographe espagnole ou
catalane.

rellé, Espiunsa robas, Francés, Funnal, Garnacha,
Garro, Garrut, Giatela, Gigoso, Gorro, Gregas, Grumel,
Jaen, Juanenchs, Liston ou Palomino, Leoras, Macabeo,
Malvasia, Malvasia corda, Malvasia vert, Malagueña,
Mallorqui, Mamella de monja, Mancesa, Mantuo,
Mantuo castillan, Mannal, Martorellas, Matarona, Mok-
de-gall, Mollar, Monastrell, Montenach, Morrut,
Moscatell, Mutllos, Negre, Negrillo, Pajarete, Palomino
blanc et noir, Palops, Pansa, Pansa de Escalada,
Pansa de Gijona, Pansa encarnada, Pansal, Pansa
moscatellana, Pansa redonda, Pansa roja, Pansa tene-
bre, Pansa valenciana, Parrella, Parrellada, Parroll,
Pedro Jimenez, Picapoll, Picapoll noir, Pinnello ou
Sumoll, Planta Bona, Pasa de Corinthe, Québranti-
najas, Rein, Roca d'Italie, Roch, Roig, Roig de San-
Pedro, Rojal, Rosado malagueño, Rosakis ou Sulta-
nina, Rossell vermell, Salops, Salvata, San Jaume,
San Juan, Siempre sano, Sultana, Sumoct, Sumollo ou
Sultanina, Terrasench, Terrasench, Tintilla, Tintorero
hybride, Traverons, Tremaventre, Trobat, Turbat,
Ull de Llebra, Valence, Valencia blanc et noir, Ven-
drell, Vermell blanc, Vermentin d'Italie, Vidriel,
Xerello, Xere lo noir, Ximoll.

Soit 124 genres de raisins.

Bien que nous n'ayons pas entrepris une
étude ampélographique, ajoutons à ces détails
l'émumération, par ordre alphabétique et non

selon leur importance au point de vue cultural, des principales variétés de vignes, blanches ou rouges, cultivées, pour le vin ou la table, dans les autres contrées les plus importantes au point de vue vinicole.

Dans un certain nombre de provinces, on s'attache principalement à deux ou trois sortes de cépages, qui dominent dans le vin et lui impriment leurs caractères.

PROVINCE DE NAVARRE

Biona, Cabernet français, Garnacha aragonais, Malvasia, Mazuela, Pinot noir, Tempranillo, Tempranillo blanc.

PROVINCE D'ALAVA

Garnacha rouge, Graciano, Jaen, Mazuelo, Moscatel blanc, Moscatel doré ou romain, Ojo-de-liebre, Rojal, Tempranillo, Teta-de-vaca.

PROVINCE DE LOGROÑO

Garnache ou Tintillo aragonais, Graciano, Mazuela, Tempranillo, Moscatel, Malvasia.

Dans presque toute la Rioja, le Tempranillo et le Graciano sont les plus cultivés : le premier donne

beaucoup de vin, un peu mou; le second est moins
abondant, mais son vin a plus de *nerf*.

PROVINCE DE ZARAGOZA

Garnache ou Garnacho, Mazuela, Quebrantinajas,
Moscatel, Pasera, Robal ou Bobal, Vinna.

PROVINCE DE HUESCA

Garnache, Tintillo aragonais, Moscatel grec, Ribote.

PROVINCE DE LÉRIDA

Brocadas, Escadrigoso, Escana Leila, Garnacha,
Garrut, Garzas, Gramet, Macabeo, Malvasia, Mataro,
Matarona, Monastrell, Morastel, Moscatel, Nerals,
Pasa, Picapoll, Ribot, Rojal, Salsench, Sumoll ou
Saumoll, Trobat ou Tropat, Vidamoné.

PROVINCE DE GÉRONE

Blancs. — Malvasia, Mateo, Moscats, Pansa, Picapoll, Xarello. *Rouges*. — Castellan, Garnacha, Gro-
més, Monastrell, Sumolls.

PROVINCE DE TARRAGONE

Rouges. — Cariñena, Garnacha, Mataro, Picapoll,
Sumoy ou Sumolls, Trapat. *Blancs*. — Escaya bella,
Macabeo, Malvasia, Moscatel, Pansal ou Cartucha,
Picapoll.

Parmi les cépages rouges, le Mataro et la Cariñena sont cultivés de préférence pour obtenir la couleur; de même que la Garnacha abonde dans les vignobles du Priorato (Prieuré) de Scala-Dei.

Parmi les variétés blanches, le Pansal est une des plus répandues.

PROVINCE DE CUENCA

Albillo, Blanca comun, Bobal ou Quebrantinajas, Brugidera tinta, Garnacha, Genciver, Huevo-de-gallo, Malvasia, Morastel, Négral, Pardillo, Pasa, Buciera blanche, Rucial rouge et blanc, Rojal, Tinta, Tinto gordo, Tortejuma blanche et noire, Torrontés, Valdepeñera, Verdal.

PROVINCE DE CASTELLON

Barbera, Bobal, Croisillo, Dulsierata-de-onda, Fernandina ou Fernandilla negra, Floreallada, Garnacha, Jaen, Macabeo, Monastrell, Morenillo, Moscatel, Mureguera ou Museguera, Pampolet, Verdecillo.

PROVINCE DE VALENCE

Bobal, Forcalla, Garnacho, Meseguera, Monastrell, Moscatel, Pampolat, Planta, Vermell.

PROVINCE D'ALICANTE

Cloti aigre, Cloti doux, Flor de Baladre, Garnache, Montalvana, Pinout, Plantamula, Rhin noir, Rojales·

Ros, Sonsevera, Tintoreo hybride, Uva fresca, Vina-
veta, Blanqueta, Corinto, Jaen, Malvasia, Moscatel
romain, Torrontés, Valenci.

PROVINCE DE MURCIE

Casca, Gayata, Jaen, Marrastel.

PROVINCE DE CORDOUE

Albillo commun, Albillo noir, Jaen, Listan, Mantua,
Moscatel, Teta-de-vaca, Vigiriega, Ximénés.

PROVINCE DE JAEN

Albillo, Almiz, Dombueno, Jaen blanc et rouge,
Moscatel, Pedro-Ximénez ou Jiménés, Vigeriega.

PROVINCE DE GRENADE

Jaen blanc, Mantuo perruno de Grenade, Romé-de-
Motril, Tinto de Grenade.

PROVINCE DE MALAGA

Abojil blanc, Buona, Casca ou Tintilla, Coines,
Corazon-de-cabrito, Corinto, Doradillo, Jaen blanc,
Jaen doradillo, Jaen noir, Lairen, Larga, Listan ou
Temprano, Loja, Mantua, Marbelliés, Mollares, Mos-
catel, Pero-Ximen, Rey, Reino, Romé, Verdal.

Les raisins d'un certain nombre de ces cépages
sont desséchés pour l'exportation.

Blancs. — Albarigas, Albillo, Beba, Canocasa, Corazon-de-cabrito, Loca, Manzanilla de San Lucar, Mantuo, Moscatel, Moyar ou Mollar, Muñeca, Pedro-Jimenez, Perruna, Palomina, Perruna - de - anis, Quebrantinajas. *Rouges.* — Ferra, Melonera, Tintilla, Corazon-de-cabrito.

Abejera, Albillo, Beba-Garrida, Jaen, Lairen, Lanzarin, Luis, Mantua, Mollar, Moscatel, Ojo-de-liebre, Pedro-Jimenez, Perruna, Teta-de-vaca, Torrontés.

Albilla, Beba, Comun, Corazon-de-cabrito, Garrida, Mantua, Mollar, Palomino, Pedro-Jimenez, Moscatel.

Albilla, Heben, Jaen, Moravia, Moscatel, San Diego, Tinta maculata, Torrontés.

Albillo castillan, Pardilla, Blanca de Valdepeñas, Bocal ou Ocal, Corazon-de-cabrito, Even de yepes, Guadalupe, Jaen blanc, Listan, Tempranillo, Leonada, Malvasia, Mantuo castillan, Melonera, Moravia, Moscatel comun, Moscatel royal ou romain blanc, Pedro-

Jimenez, Royal, Tinto aragonais ou Garnacho, San-Diego, Teta-de-vaca blanc, Tinto de Valdepeñas, Gordal, Zucari.

PROVINCE DE TOLÈDE

Albillo, Aragonais blanc, Aragonais noir, Castellana, Jaen, Lairen, Malvar, Moscatel, Pardillo Velasco.

PROVINCE DE CIUDAD-REAL

Rouges. — Borrachon, Cincibal, Tinto aragonais. *Blancs.* — Albillo, Jaen, Lairen, Mairanchas, Moscatel, Teta-de-vaca, Torrontés.

PROVINCE DE BADAJOZ

Blancs. — Azaria, Borba, Morisco blanc, Moscatel, Pedro-Jimenez. *Rouges.* — Aragonais, Moreto, Morisco de Almendralejo.

PROVINCE DE BURGOS

Albillo, Castellano, Garnacha, Graciano, Malvasia, Moscatel, Naves, Rastrera blanche, Tempranillo de la Rioja, Tinto aragonais, Tinto castillan.

PROVINCE DE PALENCIA

Albillo, Aragonés, Garnacha, Naval-del-Carnero, Teta-de-vaca, Tontilla, Verdejo.

PROVINCE DE VALLADOLID

Albilla, Moscatel, Pajarera blanc, Perruna, Verdeja.

PROVINCE DE ZAMORA

Albillo blanc, Cañarolla, Malvasia, Moscatel, Teta-de-Cabra, Tinta de Madrid, Tintillo, Tinto commun, Verdeja.

PROVINCE DE SALAMANQUE

Albillo, Aragonés, Padardillo, Blanca, Bruñal tinto, Canero blanc, Cariñena blanc, Listan commun, Malvasia, Moravia de Madrid, Moscatel, Perruna dur, Rufeta tinta, Tinta, Torrontés.

ILES BALÉARES

Montona, Malvasia, Pampol rodat, Gargolla.

Parmi tous ces noms de raisins ou de cépages, il en est de fort étranges, tels que *Tête-de-vache, Tête-de-chèvre, Cœur-de-chevreau, Œil-de-lièvre, Œuf-de-coq (?), Mammelle-de-religieuse, Toujours-sain,* etc.

De même qu'on trouve en France des cépages d'origine espagnole, en Espagne le Cabernet, le Pinot noir, le Chasselas et autres cépages français sont cultivés.

Nous connaissons des viticulteurs espagnols

qui cultivent, non sans succès, une certaine quantité de cépages fins du Médoc. Il nous a même été donné de déguster successivement plusieurs récoltes provenant en partie de ces plants, et il nous semble que dans les dernières, le caractère médocain de ces cépages est moins prononcé que dans les premières. Nous ne serions point surpris qu'il s'atténuât encore sous l'influence du sol et du climat espagnols.

CHAPITRE V

Sans contredit, l'Espagne fait de grands efforts pour perfectionner sa viticulture et ses méthodes de vinification, ainsi que pour défendre ses vignobles contre les maladies qui les assaillent.

Dans certaines localités, les propriétaires se sont déjà syndiqués pour acheter, à prix réduit, les matières propres à combattre le mildew.

De son côté, le gouvernement encourage les établissements agricoles placés sous sa dépendance. L'Institut agricole catalan, de San-Isidro (province de Barcelone), situé au centre d'une des contrées viticoles les plus importantes, s'occupe de travaux qui sont profitables à toute sa région, et son action s'étend sur toute la péninsule. Un cours de viticulture y était inauguré il y a trois ans. Dès cette époque commencèrent, dans la contrée, les greffages sur plants américains.

Actuellement on greffe : sur *Riparia*. — Sumoll, Aramon, Garnacha, Petit-Bouschet, Moscatel, Macabeo, Parreleta, Xarello, Parrell, Monastrell, Picapoll, Mataro, Barrot.

Sur *Herbemont*. — Tintorero, Sumoll, Ull de Llebre, Noah, Pinot noir, Xarello.

Sur *Cunningham*. — Monastrell, Macabeo, Aramon.

Sur *Elvira*. — Aramon, Monastrell.

Sur *Taylor*. — Sumoll, Petit-Bouschet, Aramon, Monastrell, Garnacha, Parrel, Macabeo, Aragonais, Castellano, Viuna.

Sur *Mustang grape*. — Monastrell.

Sur *Jacquez*. — Picapoll, Sumoll, Aramon, Xarello, Macabeo, Monastrell.

Sur *Clinton*. — Sumoll, Picapoll, Macabeo, Valencia, Aramon.

Sur *Solonis*. — Monastrell, Garnacha.

Sur *Cordifolia*. — Monastrell, Sumoll.

Les producteurs directs sont également essayés avec le Jacquez, l'Othello, l'Herbemont, etc.

L'Institut agricole catalan fait des conférences pratiques. Il est muni d'un laboratoire de chimie dans lequel on s'occupe spécialement de l'analyse des vins, des terrains, des engrais, en un mot de tout ce qui a trait à la chimie agricole (¹).

Un nombre plus considérable qu'on ne le pense généralement d'ouvrages espagnols trai-

(¹) Concourent également à la diffusion du progrès viticole et vinicole divers instituts, associations, stations, sociétés, etc., tels que la Société de viticulture et d'œnologie de Madrid, l'Institut agricole d'Alphonse XII, l'Association des ingénieurs agronomes de Madrid et celle des agriculteurs d'Espagne, l'Association générale des agriculteurs de Malaga, la Chambre des laboureurs de Logroño, l'Association des viticulteurs de Mollerusa, province de Lérida ; la Société valencienne d'agriculture, l'Association vinicole de Navarre, la Commission de défense contre le mildew (Navarre), l'Association des agriculteurs de Saragosse, la Société agricole de Sagunto, le Syndicat des vins à Malaga, l'Association des exportateurs de vins à Jérez, les Stations viticoles et œnologiques de Ciudad-Real, Tarragone, Sagunto, Saragosse, etc. Mais de divers côtés on réclame la création de stations nouvelles.

tant de la vigne, du vin et des liqueurs, constitue le fonds bibliographique de la spécialité.

Dès 1528, Alonso de Herrera faisait paraître une deuxième édition d'un livre sur l'agriculture, dans lequel la vigne occupe une large place. En 1791, Valcarcel fournissait de nombreuses descriptions des cépages cultivés en Espagne. Plus tard, les travaux de Simon Roxas Clemente attirèrent l'attention générale par leur valeur, notamment au point de vue des résultats qu'on peut attendre de la culture de la vigne dans ce pays [1].

Dans ses travaux d'érudition, Roxas Clemente ne dédaignait pas la forme élégante et imagée : qu'on en juge par le tableau suivant qu'il fait des parties basses de l'Algaïda [2].

« C'est là que la vigne sauvage forme des

---

[1] On trouve à la bibliothèque de la ville de Bordeaux une traduction française, par Cammels (1814), de l'un des livres de Simon Roxas Clemente, intitulée : *Essai sur les variétés de la vigne qui végètent en Andalousie.*

La bibliothèque possède également un magnifique album, avec planches coloriées, accompagnées du texte de Roxas Clemente, édité en 1877 sous les auspices du ministre de l'agriculture d'Espagne.

[2] Terrain situé entre le port de Bonanza et San-Lucar-de-Barrameda.

forêts impénétrables, des cabinets magnifiques, des pavillons gracieux, des grottes, des chemins couverts, des sentiers tortueux, des labyrinthes, des arcs, des colonnes et mille autres caprices originaux qu'il est impossible de décrire. »

N'est-ce pas là une description empreinte de grâce andalouse?

Il faut citer aussi *La Viticultura y Enología españolas* de Castellet, le Mémoire de Boutelou, le Traité de Fuente Duena et la Dissertation de Cecilio Garcia de Lena etc., etc., sans oublier les écrits périodiques et contemporains, netamment ceux de M. Juan Maisonnave.

Combien de temps mettront à se généraliser dans toute la péninsule les bonnes méthodes de culture et de vinification qui donnent de si bons résultats à quelques-uns? Beaucoup, sans doute: d'abord, parce que les réformes agricoles sont toujours et partout lentes à se réaliser, ensuite, parce que l'Espagne est au nombre des pays où les fréquentes fluctuations de la politique nuisent à l'accomplissement des projets qui ont en vue le progrès économique.

A son avantage, l'Espagne jouit d'une situation géographique qui la dispense d'outrer, comme le font d'autres nations, la mise en pratique de cette maxime d'une philosophie douteuse : *Si vis pacem, para bellum.* Elle n'est pas obligée, dans les mêmes proportions que d'autres pays, de détourner des champs ces immenses ressources qui font face à ce qu'on appelle le budget de la guerre.

Quand on songe à toutes les améliorations agricoles et économiques qui pourraient être réalisées, pour le plus grand bien de tous, avec tout ce qui est sacrifié au dieu Mars!... Si cette parole simple et divine : « Aimez-vous les uns les autres, » n'avait pas été si souvent méconnue, il y a longtemps que les « tribunaux internationaux » rêvés par quelques-uns seraient un fait accompli, et que l'agriculture, cette occupation essentiellement moralisatrice, serait non seulement la nourrice, mais la reine du monde.

de Madrid, du moins un immense cellier où l'on trouverait, en quantité, d'excellents produits.

Durant un long séjour qu'il fit en Angleterre, un Espagnol de nos amis, le marquis de M..., très connu à Madrid, fut frappé des avantages dont jouissaient, de l'autre côté de la Manche, les vins de Bordeaux, de Madère, de Porto et du Rhin, et des prix élevés qu'on les payait, pendant que ceux de son pays, même de bonne qualité, se vendaient difficilement, au vignoble, 50 centimes les 16 litres.

Autant par patriotisme que par convenance personnelle, notre ami résolut, dès sa rentrée au pays natal, d'y entreprendre des essais de vinification rationnelle, et d'y introduire les meilleures méthodes en usage pour faire le vin.

Dès ce moment, Chaptal et autres auteurs de travaux œnologiques devinrent ses familiers. Mais la lecture de ces ouvrages ne suffisait pas à notre ami, très persuadé que pareille entreprise nécessitait des connaissances spé-

ciales approfondies. D'ailleurs, habitué à faire
toute chose consciencieusement, il n'hésita pas
à se déplacer et se rendit dans le Bordelais, en
parcourut les principaux vignobles, s'intéres-
sant aux plus petits détails. Il en remporta, en
grand nombre, les meilleurs cépages médo-
cains, et alla les planter dans la « belle Rioja ».

Bientôt vinrent les récoltes.

Au cuvier, les grandes citernes avaient fait
place à de petits foudres pouvant être emplis
en une journée. La fermentation tumultueuse
et autres phases de la vinification y furent
soignées.

Les premiers vins obtenus devaient être
soumis à une épreuve en dehors de tous
ménagements. 50 barils furent expédiés à
la Havane, 50 autres à la Vera-Cruz. De la
Havane on fit savoir qu'ils étaient parfaits :
quant au second lot, le navire qui les portait
ayant fait naufrage, il ne fallait plus, hélas!
espérer en entendre parler...

C'est de là, au contraire, que devait venir le
plus puissant témoignage en faveur des qualités dont ce vin avait été doté. La Providence

réservait à notre vaillant viticulteur une récompense digne de ses généreux efforts.

C'était à Hendaye.

En compagnie d'un compatriote qui parcourait avec sa famille les montagnes de Santander, le marquis de M... causait vigne et vin. Son interlocuteur lui fit part de l'intention qu'il avait de se procurer du vin de Logroño. Comme notre ami manifestait son étonnement de cette recherche particulière d'un vin qu'on considérait comme étant des plus inférieurs dans la province de Rioja : — C'est que, fit le premier, j'ai acheté, un jour, à la Vera-Cruz, pour deux douros (¹), un baril de vin marqué de deux initiales et du mot *Logroño*, dont j'ai été fort satisfait. Je le fus d'autant plus que ce baril provenant de la cargaison d'un navire naufragé, m'avait été vendu à bas prix, mais sans qu'il me fût possible d'y goûter. — Je le fis déposer dans ma cave, et longtemps après, pour l'acquit de ma conscience, je me décidai à y regarder. Quelle ne fut pas ma surprise lorsque je me trouvai en présence d'un vin

(¹) 10 francs.

rouge semblable au « meilleur Bordeaux » ! Je
relevai les marques que portait ce baril, et,
aujourd'hui, je me propose de m'approvision-
ner de vin semblable.

Durant ce récit, le visage de notre digne
ami s'était transfiguré ; la joie, l'enthousiasme
l'envahissaient : les marques indiquées étaient
les siennes ; ce vin si hautement qualifié était
le sien !... Il s'agissait, effectivement, de l'un
des 50 barils expédiés jadis à la Vera-Cruz !

La qualité du vin s'était conservée à travers
mille péripéties de voyage, la preuve lui en
arrivait dans des circonstances qui méritaient
vraiment d'être rapportées.

CHAPITRE VI

Abstraction faite des localités d'où proviennent les vins de Jérez et de liqueur, si l'on trouve, en Espagne, des contrées où les méthodes employées pour faire le vin sont fort défectueuses, il en est, en grand nombre, où ces méthodes se perfectionnent chaque jour, et même d'autres, rares il est vrai, où elles sont des meilleures.

Comme autrefois en France, le « ban des vendanges » avait lieu en Espagne; en d'autres termes, les autorités locales, après examen de l'état de la récolte, fixaient le jour où devrait commencer la cueillette.

Aujourd'hui, chacun est libre de vendanger quand bon lui semble. Mais il est une précaution que prennent les municipalités, dont les frais figurent à leur budget, et qui consiste, dès que le raisin est bon à manger, à placer des gardiens dans les vignes afin d'empêcher la maraude. A une époque déterminée, après entente préalable entre l'administration locale et les principaux viticulteurs de l'endroit, les gardiens sont retirés, et les propriétaires dont la récolte est encore sur pied, soit qu'ils n'aient pu vendanger ou qu'ils aient préféré attendre une plus grande maturité, font garder leurs vignobles à leurs frais.

Depuis quelques années la routine a été vaincue, en bon nombre de localités, par des propriétaires intelligents qui ont pu apprécier, par la vente de leurs produits à prix élevé, les avantages que procure une bonne vinification; leur exemple a été suivi; mais pour que cet exemple gagnât du terrain, il faudrait que l'exportation des vins durât longtemps encore dans les conditions où elle a eu lieu pendant plusieurs années. Un retour à l'ancien état de choses arrêterait infailliblement ces progrès, car, en cela, le vigneron espagnol ne diffère pas de celui des autres pays : il ne fait des frais que dans l'espoir de les couvrir et, de plus, d'en retirer un bénéfice. C'est logique.

On est généralement porté à croire que toutes les contrées du sud de l'Espagne font des vendanges précoces, parce qu'il y fait plus chaud qu'ailleurs. Ici une distinction nous paraît nécessaire.

Certaines parties du sud, celles qui sont éloignées de la mer, subissent un retard sur le centre de l'Espagne, voire même sur le nord, parce qu'en ces lieux le développement du raisin est arrêté pendant les périodes d'extrême sécheresse, et la parfaite maturité ne s'accomplit que sous l'influence des premières rosées de l'automne. Ce phénomène se produit notamment dans les provinces de Cacérès, une partie de celles de Cordoue et Jaen.

Bien autre est la situation des provinces de Huelva, Séville, Cadix, Malaga, Grenade et Murcie qui, tout en jouissant de la même chaleur que les précédentes, ont pour elles les vapeurs compensatrices de la mer, qui viennent contre-balancer l'action siccative du soleil.

Il nous semble juste de diviser l'Espagne en quatre zones, en ce qui concerne la date des vendanges.

La première comprend une bande de terrain d'une largeur de 100 à 130 kilomètres, longeant la mer, de Huelva à Gérone, c'est-à-dire de la frontière du Portugal à celle de France.

Commencement des vendanges: fin août et premiers jours de septembre.

Les îles Baléares sont comprises dans cette première zone.

La deuxième, comprenant le centre-nord.

Commencement des vendanges : du 15 au 20 septembre.

La troisième, comprenant le centre proprement dit, de Ségovie à Ciudad-Real et de Salamanque à Téruel.

Commencement des vendanges : fin septembre et premiers jours d'octobre.

La quatrième, comprenant le sud, de Cacérés à Jaen, parallèlement à la bande de terrain océano-méditerranéenne de la première zone.

Commencement des vendanges : du 15 au 31 octobre.

On se sert, pour couper le raisin, de sécateurs, mais surtout de couteaux ou *navajas* de vendange, connus sous différents noms, tels que *honcete* dans la province d'Albacete, *corquete* dans celle d'Alava, *trinchete* dans les îles Baléares, etc.

L'égrappage des raisins est, en beaucoup d'endroits, fait à la main ou au moyen de claies placées sur le pressoir, sur lesquelles on jette la vendange, qu'on remue en sens divers à l'aide de fourches ou autres instruments; les graines de raisin se détachent et la râpe reste sur le treillage, composé de cordes ou de lattis. C'est là, d'ailleurs, un système en usage en d'autres pays. Les égrappoirs mécaniques sont également employés par quelques-uns.

Le foulage est fait avec les pieds tantôt nus, tantôt chaussés de sandales de sparte, plante textile abondante en Espagne, qui sert à confectionner un grand nombre d'objets tels que nattes, cordages, corbeilles, etc. Ces chaussures sont quelquefois munies de semelles de bois.

On sait que le foulage avec les pieds chaussés a l'inconvénient d'écraser les grains encore verts et les pépins, dont l'huile communique un goût désagréable au vin; malgré tout, l'usage des chaussures persiste en beaucoup de contrées. Faut-il attribuer cette persistance à la résistance que présentent au foulage certains raisins de robuste constitution? Il est de fait qu'un de nos amis ayant voulu, un jour, imposer à ses ouvriers la suppression des chaussures, se vit bientôt obligé de les leur restituer, car ils se refusaient à continuer le travail, prétendant que leurs pieds étaient endoloris.

On emploie même, dans la province de Cadix, de forts souliers avec semelles garnies de clous, exigés sans doute par certains raisins dont la pellicule est vraiment parcheminée.

Diverses méthodes, ainsi que nous l'avons dit, sont en usage pour faire le vin, et leur diversité vient souvent du climat et de la nature variée des produits. On sait que la terre ibérique nourrit et le palmier et le sapin : cela suffit à démontrer que son climat et son sol sont loin d'être uniformes.

Dans une même province, on constate des différences sensibles de végétation, selon les altitudes. C'est ainsi que dans la province de Madrid, située sur le grand plateau central de la péninsule, la fraise qui est bonne à manger, à Madrid, vers la mi-avril, ne commence à mûrir qu'à fin juin dans le Paular et la Somo-sierra. Les cerises, mûres fin mai, ne sont bonnes qu'un mois après à Valdemanco. La vigne fleurit, à Chinchon, dans les premiers jours de mai, et seulement vers le 15 juin à Robledo de Chavela et environs.

On a vu, en Estrémadure, terminer les vendanges le 1er décembre.

D'après les relevés complets qu'a bien voulu nous fournir M. le Directeur de l'Observatoire de Madrid, voici, pour les années météorologiques 1881 à 1885, les températures absolues, *maxima* et *minima*, hiver et été, en degrés centigrades, que nous prenons, à dessein, sur différents points opposés de la péninsule : elles sont accompagnées des hauteurs d'eau tombées pendant chacune de ces années.

MADRID

ANNÉES	TEMPÉRATURE				PLUIE annuelle au millimètre
	Hiver.		Été.		
	maxima.	minima.	maxima.	minima.	
1881........	17°1	— 6°5	40°4	3°6	461
1882........	19 7	— 6 1	37 2	8 9	360
1883........	20 4	—11 4	40 5	7 2	423
1884........	16 6	— 8 8	37 7	5 »	517
1885........	18 2	—11 9	37 4	8 »	698
Totaux..	92°	—44°7	193°2	32°7	2.459
Moyenne des 5 années.	18 4	— 8 9	38 64	6 54	491 8

SARAGOSSE

ANNÉES	TEMPÉRATURE				PLUIE annuelle au millimètre
	Hiver.		Été.		
	maxima.	minima.	maxima.	minima.	
1881.......	20°1	— 4° »	39°3	7°3	296
1882.......	20 9	— 6 6	36 4	8 8	252
1883.......	20 6	— 3 »	40 2	9 5	269
1884.......	19 3	— 5 5	38 4	7 5	431
1885.......	21 7	— 7 9	38 1	10 1	455
Totaux..	102°6	—27° »	192°4	43°2	1,703
Moyenne des 5 années..	20 52	— 5 4	38 48	8 64	340 6

HUESCA

ANNÉES	TEMPÉRATURE				PLUIE annuelle au millimètre
	Hiver.		Été.		
	maxima.	minima.	maxima.	minima.	
1881.......	20° »	— 4°5	39°4	2°2	659
1882.......	19 »	— 6 »	34 »	7 »	478
1883.......	19 »	— 4 »	39 5	6 »	495
1884.......	17 »	— 9 »	35 5	2 »	905
1885.......	17 5	— 9 »	34 9	8 »	693
Totaux..	92°5	—32°5	183°3	25 2	3,230
Moyenne des 5 années..	18 5	— 6 5	36 66	5 04	646

LOGROÑO

ANNÉES	TEMPÉRATURE				PLUIE annuelle au millimètre
	Hiver.		Eté.		
	maxima.	minima.	maxima.	minima.	
1881.........	17°6	— 6 »	40 »	4°6	284
1882.........	17 8	— 7 4	37 »	5 2	348
1883.........	22 »	— 4 2	39 5	7 »	236
1884.........	19 1	— 6 6	38 4	5 6	296
1885.........	26 4	—10 4	37 8	6 6	528
TOTAUX..	102°9	—34°6	192°7	29 »	1.692
Moyenne des 5 années..	20 58	— 6 92	38 54	5 8	338 4

BILBAO

ANNÉES	TEMPÉRATURE				PLUIE annuelle au millimètre
	Hiver.		Eté.		
	maxima.	minima.	maxima.	minima.	
1881.........	21°7	— 3°6	38°7	7°8	1.086
1882.........	23 3	— 3 6	37 6	5 7	1.242
1883.........	22 4	— 1 3	37 3	8 3	1,128
1884.........	21 »	— 2 7	40 9	7 2	1,177
1885.........	24 4	— 3 2	34 9	8 8	1.612
TOTAUX..	112°8	—14°4	189°4	37°8	6.245
Moyenne des 5 années..	22 56	— 2 88	37 88	7 56	1.249

SÉVILLE

ANNÉES	TEMPÉRATURE				PLUIE annuelle au millimètre
	Hiver.		Été.		
	maxima.	minima.	maxima.	minima.	
1881........	25° »	— 1° »	50° »	12 »	880
1882........	29 »	— 0 6	46 2	13 4	252
1883........	29 »	— 1 6	46 »	12 »	503
1884........	26 »	— 5 8	47 »	12 »	334
1885........	27 »	— 4 2	46 8	12 »	817
Totaux..	136° »	—13°2	236 »	61 4	2.886
Moyenne des 5 années..	27 2	— 2 64	47 2	12 28	577 2

MALAGA

ANNÉES	TEMPÉRATURE				PLUIE annuelle au millimètre
	Hiver.		Été.		
	maxima.	minima.	maxima.	minima.	
1881........	26° »	2 »	43 3	14° »	785
1882........	24 »	3 »	38 5	15 5	417
1883........	22 7	4 5	41 9	14 7	433
1884........	21 5	1 2	36 5	14 3	677
1885........	23 6	0 »	37 2	15 »	775
Totaux..	117°8	10°7	197°4	73°5	3.088
Moyenne des 5 années..	23 56	2 14	39 48	14 7	617 6

VALENCE

ANNÉES	TEMPÉRATURE				PLUIE annuelle au millimètre
	Hiver.		Été.		
	maxima.	minima.	maxima.	minima.	
1881........	25°5	0° »	43° »	9° »	461
1882........	26 »	0 »	35 »	11 »	425
1883........	24 »	1 »	33 5	12 »	439
1884........	24 5	0 »	38 »	8 »	1,288
1885........	25 5	— 7 »	37 »	11 »	687
Totaux..	125°5	8° »	187°5	51° »	3,300
Moyennes des 5 années..	25 1	— 1 6	37 5	10 2	660

En Nouvelle-Castille, la plupart des propriétaires mêlent le moût blanc au moût rouge :
ils ajoutent à l'ensemble le marc de ce dernier
avec seulement une petite quantité de sa râpe,
variant de 15 à 25 pour cent. Ils obtiennent,
par ce moyen, sinon des vins de couleur
intense, du moins de qualité délicate, qui
conviennent beaucoup, notamment dans la
capitale.

De la Mancha el buen vino

« De la Manche le bon vin », dit la chanson.

A Valdepeñas, localité d'où sortent les vins
de table les plus renommés en Espagne, on
mêle généralement deux parties de raisin blanc
avec une de raisin rouge : on met tout le marc
rouge, afin d'avoir la couleur, et une partie de
sa râpe.

Les moûts rouges titrent presque toujours
de 15 à 17° au pèse-moût de Beaumé, et les
blancs, de 12 à 14°. La présence de ces derniers est nécessaire pour éviter de faire des
vins doux ; quelquefois même les propriétaires
se voient obligés d'y ajouter de l'eau, bien
entendu avant la fermentation.

La fermentation s'effectue en vase ouvert (¹).
Après deux ou trois jours commence la fermentation tumultueuse, qui dure de huit à
dix jours ; le moût est remué deux fois par
jour ; la température conservée autant que
possible en chai, jusqu'à la fin de cette opération, est de 14 à 18° centigrades.

Les vins ne sont séparés des lies qu'au bout
de quatre ou cinq mois : à ce moment, on les

____

(¹) Dans des *tinajas* de 35 à 40 hectolitres, récipients dont on
trouvera plus loin la description.

descend dans des chais souterrains qui vont jusqu'à huit mètres de profondeur, afin de les garantir des chaleurs excessives de l'été.

Chez quelques propriétaires, le soutirage a lieu dès les premiers froids et les vins sont placés dans des futailles; on les conserve parfaitement dans des chais ordinaires, c'est-à-dire non souterrains.

Les principaux cépages qui produisent le vin de Valdepeñas sont désignés, dans la contrée, sous le nom de Xancivel (cépage rouge) — qu'on s'accorde à faire descendre du Pinot noir de Bourgogne — et de Mantuo Laizen (cépage blanc).

Dans les restaurants de Madrid, on paie jusqu'à 3 fr. la bouteille, et plus, des vins de Valdepeñas; mais, sous ce nom, on absorbe souvent des breuvages du genre de celui qui faisait dire au marquis de Langle : « On vante » beaucoup le vin de Valdepeñas; moi, je le » trouve mauvais; il a un goût de soufre et de » goudron. Violent et capiteux, un seul verre » m'enivrerait; pour tout au monde, je ne vou-

» drais pas le boire sans eau. Ce vin est si
» noir, si épais, qu'il pourrait au besoin servir
» d'encre. »

C'est ce qu'on appelle juger le vin de toute
une contrée sur un seul échantillon.

Dans ses Mémoires, Saint-Simon raconte
qu'étant à souper avec tous les « Français de
marque » chez le duc d'Arco, il y but d'excel-
lent vin de la Manche.

En Nouvelle-Castille aussi se trouve le vin
de Ciudad-Real, « ville plus impériale que
royale », dit Cervantès dans une de ses nouvelles, qui de tout temps fut fort estimé. On
l'appelait jadis *vino católico* (¹) : était-ce parce
qu'on ne le baptisait point?

C'était une outre de vin de Ciudad-Real que
portait à l'arçon de sa selle « l'écuyer du
Bocage » et qu'il présenta à Sancho; l'ayant
placée sur sa bouche, ce dernier « se mit à
regarder les étoiles pendant un quart d'heure ».
— « Mais dites-moi, s'écria Sancho, après

______

(¹) Vin catholique.

avoir savouré le nectar, par la vie de ce que vous avez de plus cher, ce vin n'est-il pas de Ciudad-Real? »

Une *bodega*, dans les Castilles, comprend généralement deux locaux superposés : l'inférieur, sous le sol, est celui dans lequel on descend le vin avant les fortes chaleurs; c'est à ce moment qu'on additionne d'alcool les vins dont la constitution réclame ce mélange.

A l'encontre de cette idée reçue, que les vins ne peuvent passer l'été s'ils ne sont descendus en *bodega* souterraine, plusieurs propriétaires, qui apportent de grands soins à la vinification, ont parfaitement conservé, sans les alcooliser, leurs récoltes dans des chais ordinaires, au niveau du sol, ainsi qu'on l'a vu pour Valdepeñas. Ce fait semble démontrer que les vins bien faits peuvent résister aux chaleurs et se passer, par conséquent, du transvasement en chai souterrain.

La *bodega* supérieure est souvent une salle carrée ou rectangulaire, autour de laquelle sont symétriquement rangées les *tinajas*, soli-

dement enclavées dans une sorte de loge en
maçonnerie ou en bois (¹): la partie du sol où
elles reposent est suffisamment surélevée pour
qu'on puisse placer un récipient sous le robinet d'écoulement. Le sol de la *bodega* est
recouvert de dalles de pierre ou de briques
cimentées, en pente vers le centre, où se trouvent, enfouis dans la terre, un ou plusieurs
récipients destinés à recevoir le liquide au cas
où une *tinaja* serait brisée.

Il y a aussi des *bodegas* qui ne comprennent
qu'un seul local, sous le sol, lorsque, par
exemple, un accident de terrain le permet.
C'est ainsi qu'on aperçoit, dans certains
villages, des collines incultes d'où émergent
des sortes de tuyaux de cheminée, qui indi-
quent la présence sous le sol de *bodegas;* ces
tuyaux servent de conduits d'aération et de
dégagement des vapeurs vineuses.

Les *tinajas* sont des vases de terre cuite,
oviformes apodes: on en fabrique de toutes

(1) Voir pl. n° 2 : Vue de l'intérieur d'une *bodega*, d'après
une photographie prise, en juin 1887, chez MM. Angel et
José Caminero, propriétaires à Valdepeñas.

contenances, jusqu'à 350 arrobes de 16 litres et plus ; mais celles de 200 arrobes (3,200 litres) sont d'un modèle courant. En présence de pareilles capacités disparait l'invraisemblance du conte arabe des *Mille et une Nuits,* qui fait cacher des hommes dans des vases [1].

L'intérieur des *tinajas* est enduit d'une couche de poix [2]. Elles sont percées, au bas, d'un ou deux trous superposés destinés à recevoir la *canilla* ou robinet d'écoulement, et que, jusqu'aux écoulages, on tient fermés avec un bouchon de liège, qui a été légèrement carbonisé et imbibé d'huile afin de mieux adhérer.

La *canilla* est, le plus souvent, un tube de bois, conique, fermé par une cheville, ou bien

[1] *Histoire d'Ali-Baba et de quarante voleurs exterminés par une esclave.* Certains traducteurs ont parlé « d'outres ou vases de cuirs »; on verra plus loin ce que sont ces outres et l'on se demandera comment eût fait Morgiane pour ébouillanter à l'huile des hommes ficelés dans des outres de peau?

[2] Pour passer cet enduit, on place le récipient la bouche en bas, sur trois pierres, en forme de trépied, entre lesquelles on fait brûler du bois, sans trop de flamme, jusqu'à ce que le vase soit chaud ; ensuite on le couche à terre ; à l'aide d'un bâton, à l'extrémité duquel se trouve un gros bouchon de liège imbibé d'alcool enflammé, on passe la poix, qui est jetée à l'état de farine sur ledit bouchon ; de temps en temps, des hommes font rouler le vase. On estime que cette opération, lorsqu'elle est bien conduite, assure à l'enduit une durée de dix ans au moins.

un morceau de roseau ou bambou. L'extrémité introduite dans le trou est entourée de filasse. Pour placer la *canilla*, on refoule le bouchon à l'intérieur du récipient. Afin d'éviter l'obturation de l'orifice interne de la *canilla*, on met dans cette dernière quelques brindilles qui dépassent et laissent s'infiltrer par les espaces qui les séparent le liquide qui, on le comprend, s'écoule lentement.

Pour déguster à la *tinaja*, on prend le vin, soit par le haut, soit par un trou spécial à la partie supérieure du vase; de ce dernier on retire une *espita* ou fausset. D'autres fois, à l'aide d'une tige de fer rougi, on perfore l'un des bouchons, qu'on aveugle ensuite avec un mastic gras. Le robinet à déguster consiste souvent en un bout de roseau dont l'une des extrémités, celle qui n'entre pas dans le vase, est encore munie de la cloison qui se trouve de distance en distance au niveau des nœuds de ces graminées arborescentes; il en sort un petit filet de liquide, grâce à un petit trou pratiqué au centre de cette cloison. Le système est aussi simple que peu coûteux.

7.

Le vin étant fait, l'orifice des *tinajas* est fermé aussi hermétiquement que possible au moyen de couvercles de bois et de peaux fortement liées.

Aux écoulages, on placera, sous la *canilla*, un vase de terre d'une centaine de litres, dans lequel on puisera le vin avec la demi-arrobe (¹) pour en effectuer la livraison, s'il est vendu, ou pour le descendre en *bodega* souterraine.

Les localités où l'on fabrique principalement les *tinajas* sont : Colmenar-de-Oreja (province de Madrid), Villarobledo (p. d'Albacete), Calaf (p. de Barcelone), Quart (p. de Gérone), Castellon-del-Duc (p. de Valence), Liria (même province), Castuera (p. de Badajoz), Lucena (p. de Cordoue), Cuerva (p. de Tolède), Talaveira-de-la-Reina (même province), Toboso (même province).

Le prix de ces vases varie de un à deux réaux par arrobe de contenance (25 à 50 cent. les 16 litres).

C'est donc un logement à bon marché.

Voir le chapitre des mesures.

TINAJA DE MURCIE

TINAJA DE MURCIE

Nº 2009 du Musée de Sèvres
Offert par l. baron ... ...

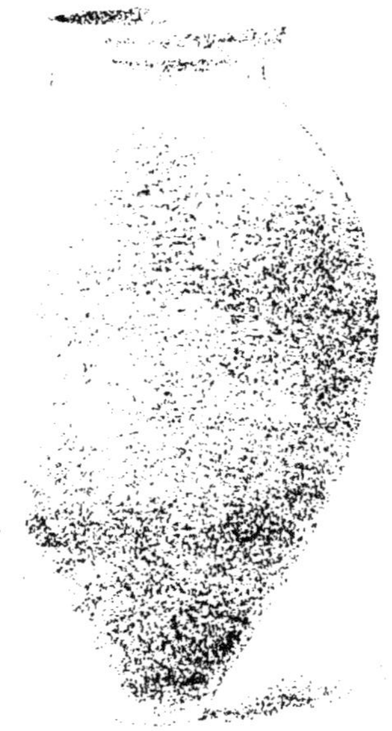

Ce sont les « cruches tobosines » qui rappe-
lèrent au « chevalier de Triste-Figure » sa
Dulcinée enchantée et métamorphosée, lorsqu'il entra dans le cellier de don Diégo :
« Gages chéris, trouvés pour mon malheur!
» Doux et joyeux quand Dieu le voulait bien!
» O cruches du Toboso, qui rappelez à mon
» souvenir le doux objet de mon amer cha-
» grin! »

L'usage des *tinajas*, de date fort ancienne,
a dû être introduit en Espagne par les Maures.

Dans son *Voyage en Perse et autres lieux
de l'Orient*, Chardin dit que les Arméniens
logent le vin dans des jarres ou *pitarres*, vases
de 4 pieds de haut, d'une forme semblable
à celle d'un œuf, et dont la contenance varie
de 250 pintes à un muid.

Mais leur emploi tend chaque jour à diminuer: beaucoup préfèrent se servir de foudres
et de cuves de bois, qui n'ont pas l'inconvénient de laisser dissoudre dans le vin des
parcelles de poix susceptibles de communiquer
à ce dernier une saveur désagréable.

On fait également des *tinajas* pour loger le vinaigre et l'huile.

Avant d'y mettre l'huile pour la première fois, on les imbibe d'eau afin que l'argile dont elles sont faites ne boive pas trop d'huile. Malgré cette précaution, *el jarro nuevo primero beve que su dueño* (la jarre neuve boit avant son maître).

Théophile Gauthier raconte qu'étant un jour à Grenade, il allait dans un établissement de bains où il pensait trouver des baignoires ordinaires. Point du tout, « c'étaient d'énormes
» jarres d'argile comme celles où l'on conserve
» l'huile; ces baignoires d'un nouveau genre
» étaient enterrées jusqu'aux deux tiers à peu
» près de leur hauteur. Avant de nous empoter
» dans ces cruches, nous les fîmes garnir d'un
» drap blanc, précaution de propreté qui parut
» extrêmement bizarre au baigneur, et que
» nous eûmes besoin de lui recommander
» plusieurs fois pour nous faire obéir, tant elle
» l'étonnait. Il s'expliqua ce caprice à lui-même
» en faisant un geste commisératif des épaules
» et de la tête, et en disant à demi-voix ce seul

Une Bodega à Valdepeñas, d'après une photographie prise en juin 185[?], chez MM. [illegible], propriétaires

» mot : *Ingleses!* Nous nous tenions accroupis
» dans nos pots à peu près comme des perdrix
» en terrine... »

Mais le lecteur trouve sans doute que nous
nous écartons de notre sujet. Empressons-nous
d'y revenir en disant que, sous l'action des
fortes chaleurs, le vin doit se conserver plus
frais en *tinajas* qu'en vaisseaux de bois; pour
cette seule raison, l'antique *tinaja* ne nous
semble pas du tout à dédaigner.

Les *tinajas* sont notamment employées dans
les deux Castilles, ainsi qu'en Estrémadure,
en Andalousie, dans la province de Murcie, en
Galice, etc.

Ailleurs, les citernes, les foudres, les cuves
de bois, dites *conos*, en chêne et en châtaignier, sont très répandus; on en trouve aussi
en bois de pin et en cerisier, encore cerclés
de bois, chez de petits propriétaires. Dans les
îles Baléares, il y en a en chêne vert et en
olivier. Serait-ce de ce dernier bois que pro-
vient le goût de figue qu'on trouve parfois
dans les vins de ces îles?

Une pratique en usage dans la province de Cadix, d'où sortent tant de vins généreux, universellement connus, consiste à exposer le raisin au soleil avant de le porter au pressoir.

Près du cuvier se trouvent des terrasses ou *almejar* (1), à plan incliné, recouvertes de nattes sur lesquelles le raisin est exposé aux ardeurs du soleil pendant le temps nécessaire à l'évaporation de l'eau qu'il renferme.

Le raisin destiné à faire des vins secs y demeure pendant deux journées, et celui avec lequel on fera des vins doux le double de ce temps.

En Estrémadure (2), où le vin est moins soigné qu'ailleurs, sans doute parce que moins qu'ailleurs il est une source de fortune pour le pays, la vendange reste souvent deux jours et plus dans le pressoir, auquel les rebords élevés donnent une grande capacité, et l'on n'écoule que lorsque ce dernier est plein. Il arrive donc qu'une partie du moût est déjà entrée en fer-

---

(1) Mot d'origine arabe, sans doute.
(2) Provinces de Badajoz et de Cacérés.

mentation lorsqu'on y ajoute d'autre raisin, et aussi que les fouleurs prennent, en ces occasions, des demi-bains de moût. Cette méthode vicieuse est également pratiquée en d'autres contrées, chez des propriétaires qui, comme ceux de l'Estrémadure, sont peu soucieux d'obtenir une bonne qualité. Inutile de dire que les vins ainsi obtenus ne sont faits qu'à moitié.

D'après ce qui précède, il n'y a pas lieu d'être surpris du grand nombre de fabricants de vinaigre qu'on rencontre en Estrémadure [1].

On trouve parfois, en diverses localités de l'Espagne, un pressoir commun où se fait le pressurage de la vendange pour le compte de petits propriétaires insuffisamment outillés, qui apportent là leur raisin et reçoivent, en retour, une quantité de moût proportionnelle à celle du raisin apporté.

L'employé ou *mesureur* délégué au pressu-

[1] Les statistiques dressées à l'occasion de l'Exposition vinicole de Madrid, en 1877, relevaient, pour la seule province de Cacérès : 3,181 producteurs de vins communs, 679 de vins généreux, 1,720 d'eaux-de-vie et 2,021 *de vinaigre*.

rage par l'administration connaît ainsi l'importance de la récolte de chacun de ces petits propriétaires, à telle enseigne que l'un de ces derniers, sur le point de vendre son vin, et en offrant à l'acheteur davantage qu'il n'en avait retiré du pressoir commun, s'entendit interpeller de la façon suivante par le *mesureur* : « Tu en as volé ou bien tu y as ajouté de l'eau ! »

Des propriétaires munis d'un outillage suffisant pressurent également pour le compte d'autrui.

CHAPITRE VII

Le Malaga. — Le Jérez. — Efforts des négociants de Jérez pour sauve-
garder l'antique réputation des vins de leur contrée.

A Malaga, le vin est transporté, après la
fermentation tumultueuse, chez les fabricants
(*criadores*) qui, au bout d'un certain temps,
l'additionnent d'alcool, le transvasent périodi-
quement et augmentent sa densité et sa couleur notamment à l'aide d'*arrope* et de *color*.

L'*arrope* s'obtient avec du vin chauffé jusqu'à l'ébullition prolongée, qui en réduit con-
sidérablement le volume et le transforme en
une sorte de sirop liquide à saveur de raisiné.

Le *color* est formé d'*arrope* bouillie, addi-
tionnée d'eau chaude et de moût frais; c'est

un mélange plus fluide que *l'arrope*, au goût
amer et à la teinte caramélisée.

On fabrique aussi du *color* à base de mélasse
de canne à sucre, qui est loin de valoir le premier.

La cuisson des vins, méthode renouvelée
des Grecs et des Romains, se fait dans des
chaudières de cuivre dont la capacité est quelquefois énorme.

Le climat de Malaga est des plus favorables
à la végétation de la vigne, même à de hautes
altitudes. Aussi, sans crainte de voir disparaître le précieux arbuste, Charles II avait-il fait
sortir une ordonnance enjoignant à ses sujets
de ne pas planter des vignes ailleurs que dans
les terrains inaccessibles à la charrue, et cela
pour réserver les autres terrains à la culture des
céréales et prévenir la disette. C'est ainsi qu'à
un moment donné on ne trouvait de vignes à
vin, dans cette région, que sur les montagnes.

Anciennement, le véritable *vin de Malaga*
était exclusivement récolté sur les coteaux qui

entourent la ville de ce nom. Les vendanges
s'y opéraient à trois ou quatre reprises, selon
l'état de maturité des grappes. On veillait à ce
qu'il ne fût pas introduit en ville, pour l'élaboration définitive du vin, d'autres moûts que
ceux provenant de ces vignobles; autant de
soins et de précautions qui n'ont pas peu
contribué à la réputation du *Malaga*. Aujour-
d'hui on décore de ce nom, et cela en tous
pays, toutes sortes de vins d'imitation.

A Jérez, on classe le vin, des qualités infé-
rieures à celles ultra-supérieures, selon la
nature des terrains d'où ils proviennent. Dans
les vignes qui produisent le véritable *Jérez*,
on fait cinq ou six classes différentes de vins :
*palmacortada, palma, palo cortado, raya ou
Jerezano, dos rayas, tres rayas.*

Les caves de Jérez, par leur agencement et
le stock de vins vieux qu'elles renferment,
jouissent d'une réputation universelle.

C'est pour garantir cette situation, qui est
la fortune du pays et que pourraient compro-
mettre certains falsificateurs, que la Chambre

de commerce de Jérez, à la date du 5 avril 1887, a adressé au Ministre d'État le résumé suivant de ses délibérations touchant la falsification des vins :

1° Pour bonifier nos moûts par le vinage, dans la mesure convenable et lorsque cette opération est nécessaire, les théoriciens les plus éminents, de même que les négociants les plus anciens et les plus experts de notre ville, sont unanimes à reconnaître que l'on ne doit employer d'autre alcool que celui que l'on obtient par la distillation du jus fermenté du raisin, et encore pourvu que celui-ci se trouve à un degré de fermentation qui lui permette de conserver les *éthers*, lesquels, favorisant l'assimilation de l'alcool au vin, améliorent d'autant son goût et son arome.

2° Les *alcools d'industrie*, quels que soient leur origine et leur degré de rectification, ne peuvent jamais remplacer celui du raisin parce qu'ils manquent absolument des principes éthérés en question. Par conséquent, leur mélange avec les vins naturels doit être empêché dans toute la mesure du possible, comme constituant une frelaterie. Et, quant à ceux de ces alcools qui contiennent à dose appréciable des alcools dits *supérieurs*, comme par exemple l'alcool *amylique*, et par conséquent ceux que l'on désigne dans le commerce par les noms de *trois-cinq*, *trois-six* et antres, provenant de vins, pommes de terre ou betteraves et n'arrivant pas à *10° Cartier*, soit 95°9 centésimaux, — leur emploi doit être prohibé et puni de la manière la plus sévère quand ils servent au vinage ou à la fabrication des liqueurs, car il y a lieu de le considérer comme un grave attentat à la morale et à l'hygiène publiques.

3° Pour développer dans notre pays la fabrication de l'alcool vinique, nous citerons au nombre des mesures à prendre, comme indispensables et très favorables, celle de surcharger de tous les droits et obligations possibles, tant à l'occasion de leur importation que dans leurs applications et dans leur consommation, les autres alcools aussi bien espagnols qu'étrangers; celle de déclarer complètement libre l'importation des appareils distillatoires; celle d'affranchir de tout impôt les alambics portatifs et ceux qui s'installeraient comme industrie annexe de la culture et de l'exportation vinicoles; celle de réduire les tarifs écrasants d'impôts indirects qui pèsent aujourd'hui sur le peu de fabriques qui existent et se maintiennent si difficilement; enfin, celle d'encourager, par tous les moyens susceptibles de lui donner une impulsion et un stimulant salutaires, la production plus abondante des *vins de chaudière*.

4° Pour arrêter les fraudes et les falsifications et pour faire renaître la confiance tant dans le commerce intérieur que dans celui avec l'étranger, le besoin est très grand d'une loi sur les marques régionales, destinées à garantir la provenance, la pureté et la valeur des vins authentiques et à dissiper l'obscurité et la confusion qui règnent aujourd'hui sur le marché. Pour aider efficacement à atteindre ce but, il faudrait établir *des stations œnologiques et laboratoires chimiques* dans les principaux centres de production et d'exportation.

Telle est, dans sa franche expression, l'opinion que notre Chambre de commerce se permet de soumettre à votre haute appréciation.

Dieu vous garde de nombreuses années.

Jerez de la Frontera, 5 avril 1887.

Le Secrétaire par intérim,   *Le Président,*
Juan REBUELTO Y ABRIL.   José de BERTEMATI.

CHAPITRE VIII

De même que pour les cépages, les appellations locales de vins varient à l'infini, selon
les contrées, sous les noms génériques de
« vins communs, généreux, de Jérez et simi-
laires ».

C'est dans la catégorie des vins dits communs que se trouvent les qualités formant le
plus gros chiffre de l'exportation.

Le « Médoc » n'est pas oublié dans ces
appellations locales. Ainsi il y a le *Médoc
alicantino* de la province d'Alicante et le
Médoc des provinces d'Alava, Legroño et

Valence. On trouve aussi le Saint-Julien *(San-Julian)*, à Tarragone et le « Bordeaux » *(Burdeos)* des Baléares, de Gérone, Lérida, Séville, Tarragone et Saragosse.

Naturellement, les beaux résultats obtenus dans le commerce des vins par nos voisins d'outre-Pyrénées portent ceux-ci à espérer beaucoup, à s'illusionner peut-être sur ce qu'ils peuvent en définitive attendre de la vigne.

Au congrès des viticulteurs tenu à Madrid en 1886, l'un des premiers viticulteurs de l'Espagne (¹), engageant ses compatriotes à perfectionner sans cesse leurs méthodes de vinification s'ils ne voulaient perdre le rang auquel les circonstances les ont élevés, s'écriait : *Haremos de España la bodega del mundo!* « Nous ferons de l'Espagne le cellier du monde! »

Et d'ailleurs, pourquoi les Espagnols ne tiendraient-ils pas ce langage? Les Italiens ne disent-ils pas : *L'Italia può diventare la prima cantina d'Europa!* « L'Italie peut devenir la première cave du monde! »

Oui, l'Espagne et l'Italie peuvent devenir

____
(¹) Le marquis de Riscal.

d'immenses caves, les premières du monde,
à la condition toutefois que la France perde
le premier rang qu'elle occupe encore (1) et
que les maladies qui ont décimé ses vignobles
respectent ceux des deux premiers pays, chose
qui ne paraît pas devoir se réaliser, car le
phylloxera, le mildew, etc., ont franchi, il y a
longtemps, et les Pyrénées et les Alpes, éten-
dant partout leurs ravages. Chaque jour nous
avons la preuve que la perte des vignobles
espagnols et italiens suivrait de près celle des
vignobles français, si elle avait lieu, ce qu'à
Dieu ne plaise.

Mais peut-on exclure le chauvinisme des
pensées de ceux qui, après tout, travaillent

(1) Après la récolte de l'année 1886, qui leur donna 36 millions
554.920 hectolitres de vin, nos voisins d'au delà des Alpes ne
purent contenir une joie bien légitime et s'empressèrent de
faire savoir au monde, par la voie de la presse, que l'Italie
occuperait désormais le premier rang pour la production
vinicole. C'était, ainsi que nous le fîmes remarquer dans la
Feuille vinicole de la Gironde du 13 janvier 1887, anticiper
sur les événements, car le calcul auquel nous nous livrions
à cette époque donnait seulement à l'Italie une production
moyenne de 23 millions 113.018 hectolitres, pour les huit
années 1879-1886, contre une moyenne de 30 millions 620.187
hectolitres à la France pour la même période.

généreusement à la prospérité de leur patrie? Surtout en Espagne, où le fantastique est d'éclosion facile et où l'on trouve la *mar de vides* (mer de vignes) du Vierzo (¹) et la *tierra del vino* (terre du vin) de Zamora?

Et le poète français des *Bavards* n'a-t-il pas chanté :

> C'est l'Espagne qui nous donne
> Le bon vin, les belles fleurs;
> C'est pour elle que rayonne
> Un soleil plus chaud qu'ailleurs.

Ce sont les rayons de ce soleil qu'un Espagnol, dont nous ne connaissons pas le nom, mais à coup sûr homme au cœur bien né et à l'imagination poétique, fait paraître « dans chaque bouteille de vin d'Espagne » :

Hay un rayo de sol en cada botella de vino de España (²).

(¹) Province de Léon.
(²) Il y a un rayon de soleil dans chaque bouteille de vin d'Espagne.

CHAPITRE IX

Le classement des vins. — Leur degré alcoolique. — Degré alcoolique
et acidimétrique de 2955 échantillons. — Contrées à vins blancs. —
Plâtrage. — Extrait sec. — Clarification.

Au point de vue espagnol, c'est le Valdepeñas qui, d'un commun accord, occupe le
premier rang parmi les vins de consommation
courante. Ensuite, chaque contrée classe le
sien premier... Rien de plus naturel.

Au point de vue français, les vins rouges de
Benicarlo et autres localités de la Catalogne,
ceux de l'Aragon, de la province d'Alicante,
plusieurs de la province de Zamora, de la
Manche et de la Rioja sont les meilleurs.

Nous allons procéder à la classification des
vignobles, par rapport au degré alcoolique qui
domine dans chaque contrée, en les divisant
en trois catégories :

1° Les vignes situées en *secano*, c'est-à-dire en terrains naturellement secs par leur exposition : coteaux, croupes, etc., et donnant les qualités les meilleures et les plus alcooliques;

2° Les vignes en *regadio* ou terrains tels que ceux où sont plantés les oliviers et qu'on a coutume d'arroser au moyen d'eau amenée par canalisation, ou situés à proximité de cours d'eau, produisant des vins d'un degré alcoolique plus faible que les premiers;

3° Les jeunes vignes ou plantations nouvelles, en diverses situations.

CONTRÉES	DEGRÉ ALCOOLIQUE		
	SECANO	REGADIO	PLANTATIONS NOUVELLES
Rioja	$12^1\!/_2$ à $13^1\!/_2$	10 à 11	$11^1\!/_2$ à $12^1\!/_2$
Navarre(¹)	15 16	13 14	14 15
Saragosse : Cariñena, etc.	$14^1\!/_2$ $15^1\!/_2$	14	14
Huesca	13 14	12 à 13	13
Catalogne(²) (Priorato)	15 16	14	15
Catalogne(²) ordinaire rouge	11 12	10 à 11	11
— blanc	11 12	10 11	11
Valence	$12^1\!/_2$	10 11	12

(¹) Excepté les environs de Pampelune, dont le degré est un peu moindre.

(²) Quelques vignobles ne dépassent pas 9°.

CONTRÉES	DEGRÉ ALCOOLIQUE		
	SECANO	REGADIO	PLANTATIONS nouvelles
Alicante.	15 à 16	14 à 15	15
Vieille-Cas-(Zamora. . ,)rouge	12 13	11 12	12
tille(1). .(Valladolid.)blanc.	11 12	10 11	10 à 11
Nouvelle-Cas-(rouge.	15	13 1/2 14	14
tille(2) . . . . (blanc.	13	12	12
Estrémadure. . (rouge.	15 à 16	13 à 14	13 à 14
(blanc.	14 1/2 à 15	13	13 13 1/2
Andalou- \ blanc(3)	12 1/2 13 1/2	11 à 12	12
sie. . . . / Grenade, (rouge.	15	13 14	13 1/2 à 14 1/2
etc. . . (blanc.	14	13 14	13 1/2 à 14 1/2

N.-B. — En dehors de cette échelle alcoolique, on
trouve parfois des vins titrant 16, 17 et 18°.

Avec ces produits le commerce local fait de
judicieux mélanges et obtient des types de
vente courante, à degré moyen. Ainsi, les vins
de la province de Lérida, de 10 à 12°, iront
avec les plus alcooliques de la Catalogne; les
Rioja avec les Castilles et autres contrées
feront 14 à 14 1 2: les vins du district le Haro
s'accommoderont de ceux de Najera et d'un

(1) Excepté Toro et environs qui atteignent 14 et 15°.
(2) Excepté quelques villages au nord de Madrid qui dépassent 15°.
(3) Quelques vins verts atteignent 14°.

certain nombre de communes de la région de Burgos et Palencia, qui titrent de 10 à 13°. Ces types, joints aux plus alcooliques de la basse Rioja, de la rivière de Navarre et de l'Aragon, feront de 13 à 15°.

A l'occasion de l'Exposition vinicole tenue à Madrid en 1877, le laboratoire de chimie spécialement installé pour analyser les vins espagnols présentés à cette exposition a déterminé, comme suit, le degré alcoolique et la richesse acide de 2,955 échantillons de diverses années.

On trouvera des degrés fort élevés qui devaient provenir de types exceptionnels ou de vins liquoreux tels que Moscatel, Pajarete, Amontillado, Pedro Jimenez, Jérez, etc.., atteignant 18, 19, 20 et jusqu'à 24 degrés.

		Degré alcoolique (1)	Richesse acide (2)
BASSIN IBÉRIQUE	Alava.	8 à 13	3 à 7
	Logroño	11 16	3 5
	Navarre.	13 18	3 5

(1) Un certain nombre d'échantillons titraient moins que le degré minimum; d'autres, au contraire, dépassaient la limite supérieure.

(2) On sait que la richesse acide du vin comprend les acides

		Degré alcoolique.	Richesse acide.
BASSIN IBÉRIQUE (Suite)	Saragosse	14 à 18	3 à 5
	Huesca	13 18	3 8
	Lérida	11 13	3 6
	Gérone	13 18	1 5
	Barcelone	11 17	1 6
	Tarragone	11 19	1 5
BASSIN ÉDÉTAN	Castellon	14 à 18	2 à 5
	Valence	13 19	3 6
	Alicante	13 20	3 6
	Murcie	14 19	3 5
	Albacete	13 19	3 9
	Cuenca	13 18	2 5
BASSIN BÉTIQUE	Cordoue	12 à 18	2 à 6
	Jaen	13 17	3 5
	Grenade	12 18	2 6
	Cadix	11 22	1 10
	Séville	13 23	2 5
BASSIN ORÉTAN	Guadalajara	12 à 18	3 à 5
	Madrid	13 17	2 5
	Tolède	13 17	2 5
	Cacérès	13 20	3 5

tartrique, acétique, malique, succinique, etc. Certains types dépassaient même le maximum indiqué dans la colonne, comme d'autres se tenaient au-dessous du minimum.

		Degré alcoolique.	Richesse acide.
BASSIN CENTRAL (Suite.)	Badajoz.	14 à 18	3 à 5
	Ciudad-Real. . . .	13 17	2 5
	Huelva	12 18	3 5
BASSIN CASTILLAN	Léon	10 à 12	4 à 5
	Palencia	10 13	3 5
	Soria	10 14	3 5
	Ségovie.	10 15	4 6
	Avila	12 17	2 6
	Salamanque. . . .	12 15	3 5
	Zamora.	12 15	3 5
	Valladolid	12 15	3 5
VERSANT SEPTENTRIONAL	Guipuzcoa	9 à 10	5 à 6
	Biscaye.	14 15	5 6
	Santander.	11 12	6 7
	Lugo	8 12	4 7
	Corogne	13 14	3 4
	Pontevedra	12 14	5 6
	Orense	9 14	3 7
VERSANT MÉRIDIONAL	Malaga	14 à 24	2 à 5
	Almeria	12 17	3 5
ILES	Baléares.	11 à 16	2 à 5
	Canaries	13 24	3 5

Le laboratoire mentionné plus haut a trouvé des vins liquoreux de Moscatel, d'un degré alcoolique de 13, qui dépassaient 300 grammes par litre de sucre et autres matières extractives: un échantillon, du poids de 12°, en a laissé 461 grammes par litre!

Les contrées où l'on trouve le plus de vins blancs de coupage sont la Catalogne, les Castilles, l'Estrémadure et l'Andalousie.

Nous ne parlerons que pour mémoire, et parce qu'ils n'entrent pas en ligne de compte pour l'exportation, des vins blancs de 8 à 10°, dits *chacoli* (¹) des provinces de Biscaye et de Guipuzcoa. Ces dernières contrées, où le raisin mûrit difficilement, sont tributaires de leurs voisines pour leur consommation de vin (²).

(¹) Faibles, ne se conservant pas.

(²) Dans sa *Topographie de tous les vignobles connus*, édition de 1832, Jullien dit, parlant de la Biscaye : « Cette province fournit des vins qui sont presque tous verts, âpres, dépourvus de corps et de spiritueux; leur mauvaise qualité est due en grande partie au vice de fabrication.

« On vendange souvent trop tôt; on mêle indifféremment dans la cuve les raisins mûrs, verts, sains et pourris; le vin fermente peu ou mal; il en résulte une liqueur désagréable et

Bien que tous les vins dits *communs* ne soient pas plâtrés à la vendange, la pratique du plâtrage est usitée un peu partout, plus ou moins. Dans les deux Castilles elle est plus générale qu'ailleurs.

De nombreux essais de substitution de l'acide tartrique au plâtre ont été entrepris; mais l'on ne peut dire qu'ils aient été concluants en faveur de cette dernière substance.

Notons en passant, ainsi que l'a consigné dans une de ses lettres, en date du 25 avril 1887, la Société de viticulture et d'œnologie de Madrid, que certains vins de la province d'Alicante sont naturellement plâtrés par le terrain d'où ils proviennent et jusqu'à la dose

qui ne se conserve pas. On assure que cet inconvénient est l'effet d'une spéculation du fisc, qui détermine le prix des vins, et ne souffre pas qu'on en introduise d'étrangers dans les cabarets tant que ceux du pays ne sont pas consommés. Les propriétaires, certains de vendre leur récolte, quelle qu'en soit la qualité, ne cherchent qu'à la rendre abondante. »

Cette « spéculation du fisc », signalée par Jullien, doit être, à cette heure, reléguée au rang des coutumes abandonnées, tout comme le privilège des viticulteurs de Grenade ayant trait à la vente de leurs vins à trois lieues à la ronde. (Voir *Tentativa económica sobre privilegio que tienen los cosecheros de Granada ó tres leguas á la redonda. —* Banqueri, Bibliothèque nationale, Madrid.)

de 2 grammes de sulfate de potasse par litre. Peut-être se trouve-t-il, ailleurs que dans cette province, des vins plâtrés dans les mêmes conditions? C'est là une question de recherche (¹).

L'extrait sec des vins dits *communs* pèse généralement de 28 à 35 grammes par litre (²).

Pour la clarification des vins, on emploie diverses substances connues, telles que les œufs, les gélatines, la colle de poisson, le sang desséché, etc. On se sert également, pour les vins blancs, d'une terre blanchâtre, argileuse, provenant de La Nava, province de Valladolid.

(¹) Il y a peu de jours encore, la *Reforma agricola*, de Madrid, annonçait qu'un M. Luis Penalva, exportateur de vin de la province de Madrid, était disposé, si le gouvernement français ne suspendait pas de nouveau la circulaire Cazot, à offrir *dix mille pesetas* à celui qui découvrirait le moyen, admissible par l'hygiène, de donner au vin les propriétés que lui donne le plâtre, sans employer cette dernière substance.

(² Par exception, quelques-uns ont atteint 40 et même 45 grammes.

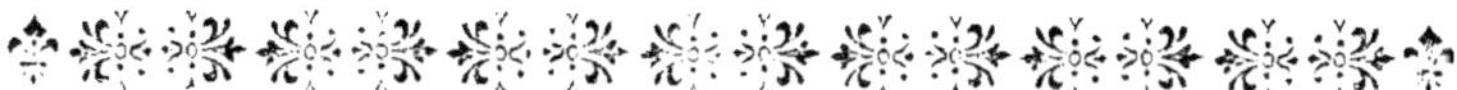

CHAPITRE X

Les mesures de capacité servant au mesurage des vins vendus à la propriété sont nombreuses; leur nom et leur contenance varient suivant les contrées. Voici la liste des principales, avec leur équivalence en litres :

Provinces.	Mesures.	Litres, Millil.
Alava	Cantara	16.040
Albacete	Arroba	16.500
Alicante	Cantara	11.540
Alméria	Arroba	16.360
Avila	Cantara	15.920
Barcelone	Carga	121.600
—	Baril vino	30.350

Provinces.	Mesures.	Litres. Millilit.
Burgos.	Cantara	16 »
Castille.	Cantara	16.133
Ciudad-Real.	Arroba.	16 »
Cuenca.	Arroba.	15.760
Castellon.	Cantara	11.270
Grenade.	Arroba.	16.420
Guadalajara.	Arroba.	16 420
Gérone.	Carga.	121.600
Huelva.	Bota.	516 »
Huesca.	Nietro.	160 »
—	Cantaro	9.980
Iles Baléares	Cuartina.	26.670
Lérida	Cantaro	11.540
Logroño	Cantara	16.040
Lugo	Cañado.	36 »
Madrid.	Arroba.	16.240
Malaga.	Arroba.	16.660
Navarre	Cantaro	11.770
Orense.	Moyo.	128 »
Palencia.	Cantara	15.760
Pontevedra	Cañado.	32.700
Tarragone.	Carga.	121.600
Téruel	Cantara	21.920
Tolède	Cantara	16.240
Salamanque.	Cantara	15.980
Santander.	Cantara	15.800
Saragosse	Alquez.	119.920

Provinces.	Mesures.	Litres. Millilit.
Soria	Cantara	15.800
Ségovie.	Arroba.	15.660
Séville	Arroba.	16 »
Valence	Cantaro	10.770
Valladolid	Cantara	15.640
Zamora.	Cantara	15.960

L'Espagne n'a rien à envier à l'Italie pour sa collection de mesures à vin (¹).

Il arrive souvent que d'une commune à l'autre, à quelques kilomètres de distance seulement, des mesures portant le même nom ne sont pas d'égale contenance. Il en résulte des inconvénients dans les transactions, qui font vivement souhaiter de voir se généraliser l'emploi du système décimal, que quelques-uns, d'ailleurs, ont depuis longtemps adopté.

L'*alcalde* ou maire de chaque commune doit avoir en sa possession la mesure de la localité. Cette mesure est en métal, en terre ou en bois,

____

(¹) Au delà des Alpes, on trouve la *salma*, de diverses contenances, le *barile*, la *brenta*, la *soma*, la *botte*, la *corba*, etc., voire même le *cantaro* de 85 litres 280 millilitres à San-Angelo-de-Lombardie.

munie d'une ou deux anses; par une ouverture
pratiquée sur l'un des côtés, à la hauteur où
s'arrête la contenance légale, le liquide
s'échappe et indique que la mesure est faite.

Nous ne savons si le fait est vrai, mais l'on
nous a rapporté qu'en certaines localités,
quand la récolte a été peu abondante, on ne
se gêne pas pour limer le bas de l'ouverture,
ce qui a pour effet de faire sortir le liquide
plus tôt et de diminuer ainsi la contenance.

D'autres mesures n'ont pas ce trou et s'em-
plissent jusqu'à l'orifice. A celles-là, afin
d'empêcher la formation de la mousse ou
écume quand on mesure, on passe du savon
sur les bords.

Le mesurage à la propriété est effectué
par les soins d'un mesureur spécial (*medidor,
corredor*, etc.), qui tient ce droit de la municipalité, souvent par voie d'adjudication. Il
perçoit une taxe de mesurage, qui est en quelque sorte un droit de sortie sur la marchan-
dise. Le chiffre de la taxe est fixé par
l'administration; il est loin d'être le même

partout : ici c'est un *real* par *arroba* (25 centimes par 16 litres), là un *demi-real* pour une contenance telle que le *nietro* (12 cent. 1 2 par 160 litres). Dans ces opérations la pratique du pourboire n'est pas oubliée.

En certaines localités, c'est l'administration municipale elle-même qui procède au mesurage à l'aide d'employés assermentés.

Lorsque, au moment des vendanges, des quantités de raisins sortent de la commune pour être vinifiées ailleurs, un droit est également perçu sur ce raisin, puisque c'est autant de vin qui sort et qui ne sera pas mesuré (¹).

Le « mesureur » sert de cicerone aux étrangers qui viennent aux achats ; il les conduit chez le propriétaire qui a du vin à vendre ; il aide à la dégustation et remplit en quelque sorte l'office de courtier.

(¹) Diverses maisons espagnoles et étrangères, bien outillées pour faire le vin, achètent, tous les ans, dans le rayon où se trouve leur installation, de grandes quantités de raisins, qu'on transporte, par toutes les voies possibles, y compris celle du chemin de fer, dans des futailles défoncées d'un bout, des corbeilles, des paniers, etc., et paient d'importantes sommes pour le droit de sortie.

La vente au détail d'une ou partie de récolte a lieu parfois chez le propriétaire qui, préalablement, a eu le soin de demander à la mairie l'autorisation de *aforar* (faire jauger) : la quantité à vendre étant reconnue, il en acquitte les droits. Dès que la vente commence, un drapeau, une branche d'arbre ou tout autre signal de convention est arboré au-dessus de la *bodega* : le crieur public annonce l'ouverture de la vente, fait connaître le prix du vin [1].

Généralement deux ventes ne fonctionnent pas en même temps [2].

En ces occasions, les propriétaires qui ont besoin d'ouiller leur récolte s'approvisionnent de la quantité de vin qui leur est nécessaire pour cette opération.

Pour le transport des vins à l'intérieur du pays, on emploie des futailles de diverses capacités, en bois de chêne, de châtaignier ou

[1] Cette manière de procéder a quelque analogie avec la mise en vente des « vins privilégiés » du Bordelais avant la Révolution. (Voir *Le Privilège des Vins à Bordeaux jusqu'en 1789*, p. 10.)
[2] *Id., ibid.*

de hêtre. L'on se sert aussi beaucoup d'outres de peau de bouc et de veau, ces dernières, en petite quantité, enduites de poix à l'intérieur. Ces outres sont désignées sous les noms génériques de *pellejos, odros, corambres, botas de cuero*.

Ces récipients, qu'on peut transporter à dos de mulet, rendent particulièrement des services pour gravir les montagnes, ou lorsque l'état des chemins ne permet pas aux charrettes de passer, ou enfin quand ces dernières font défaut.

Dans presque tous les villages il y a un ou plusieurs *boteros*, qui se chargent de faire les outres, de les réparer, de les souffler lorsque après être restées un certain temps vides, le cuir s'est contracté.

C'est le *botero* qui prépare la poix dont elles sont enduites à l'intérieur, et cette préparation constitue un des secrets du métier. Une des principales qualités que doit avoir la poix, c'est de n'être pas friable, c'est-à-dire de ne pas se rompre sous les plis imprimés à l'outre quand elle est vide.

On fait aussi de petites outres qui servent au voyageur ou à l'homme des champs pour emporter sa provision de vin.

Le vin qu'on y loge s'imprègne souvent d'une saveur désagréable qui déprécie fort sa qualité.

La contenance des outres est couramment de 50 à 70 litres, mais celles en peau de veau contiennent un hectolitre et plus (¹).

Pour les envois hors du pays, la pièce ou demi-muid et quelque peu la barrique bordelaise sont en usage. Les boucauts de trois-six allemand importés en Espagne forment un appoint important du logement des vins.

(¹) L'outre n'est pas cousue. On l'a obtenue en *déshabillant* l'animal de la manière suivante :

Après avoir coupé au genou les quatre jambes, on fend la gauche de derrière jusqu'au fondement ; cette jambe étant dépouillée, l'autre suit et après l'animal entier. La tête est détachée du cou, qui sert d'ouverture unique à l'outre. On fait subir à cette peau l'opération du tannage, puis on lie les orifices des organes génitaux, les trois jambes intactes ; on coud la quatrième. Le gonflement a lieu ensuite, puis vient l'application de la poix. C'est le côté du poil, qu'on a rasé, qui est à l'intérieur du récipient.

L'outre pleine est une masse informe qui ne laisse pas de causer quelque impression, surtout quand du vin rouge suinte à l'ouverture ou encolure.

Dans le port de Tarragone, où se chargent beaucoup de vins à destination des pays d'outre-mer, on se sert des futailles dont voici la nomenclature :

Pipe	Jérézienne.	516	litres.
Demi-pipe.	—	258	—
Quart de pipe.	—	129	—
Huitième de pipe . .	—	64	—
Pipe pour le..	Brésil.	495	—
Cinquième de pipe .	—	98	—
Dixième de pipe. . .	—	49	—
Pipe	Catalane.	485	—
Demi-pipe.	—	243	—
Quart de pipe.	—	121	—
Huitième de pipe . .	—	60	—
Pipe . . . . . portugaise pour l'Angleterre.		547	—
Demi-pipe. . —	—	273	—
Quart de pipe. . —	—	137	—
Huitième de pipe —	—	69	—
Indiano.		72	—
Anclote.		35	—
Demi-anclote		16	—

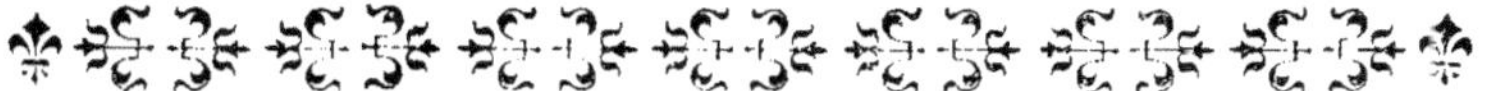

CHAPITRE XI

L'industrie de la distillation des vins, marcs et lies semblait, il y a quelques années, devoir se développer en Espagne; mais la concurrence faite au produit national, l'*aguardiente*, par les alcools d'industrie, d'Allemagne notamment, est venue arrêter le développement de cette fabrication.

On trouve des distilleries dans chaque province, mais principalement dans celles de Navarre, Saragosse, Valence, Ciudad-Real, Valladolid et Logroño.

La Direction des contributions indirectes publia, en 1879, une statistique des distilleries payant un impôt pour travailler toute ou partie de l'année. Des chiffres de cette administration il résulte qu'à ce moment 1,785 distilleries formant un total de récipients contenant ensemble 7,818 hectolitres, produisaient annuellement 580,000 hectolitres d'eaux-de-vie.

En dehors de ces établissements, beaucoup d'autres étaient déjà à cette époque paralysés par la concurrence des alcools d'industrie.

D'une valeur de 405,450 *pesetas* (francs) que représentait, en 1850, l'importation des alcools en Espagne, on arrive, pour l'année 1886, au chiffre colossal de 61,235,700 *pesetas*, représentant 1,020,595 hectolitres, qui ont acquitté un droit de douane de 17,808,932 *pesetas!*

Voici, d'ailleurs, le tableau, suivi d'un diagramme, de l'importation des alcools en Espagne, de 1850 à 1886.

Années.	Hectolitres.	Années.	Hectolitres.
1850	6,368	1856	55,760
1851	7,481	1857	99,418
1852	11,799	1858	89,320
1853	8,072	1859	47,083
1854	25,254	1860	92,026
1855	52,373	1861	106,633

Années.	Hectolitres.	Années.	Hectolitres.
1862	95,339	1875	82,620
1863	179,940	1876	125,924
1864	154,923	1877	198,989
1865	103,626	1878	143,948
1866	65,616	1879	340,767
1867	51,106	1880	557,312
1868	75,435	1881	553,173
1869	101,068	1882	576,293
1870	162,422	1883	638,266
1871	110,186	1884	656,646
1872	113,052	1885	883,285
1873	159,656	1886	1,020,595
1874	169,090		

Inutile de dire que la plus grande partie de ces alcools vient d'Allemagne.

Le dernier traité conclu entre ce pays et l'Espagne est loin d'être avantageux à cette dernière. Le chancelier allemand a su, en cette occasion, amener l'eau à son moulin. Le petit tableau suivant en est la démonstration la plus claire.

	IMPORTATION de l'Allemagne en Espagne.	EXPORTATION de l'Espagne en Allemagne
Années	(*Valeurs en pesetas*).	(*Valeurs en pesetas*).
1880. Sans traité.	42,600,816	7,190,384
1885. Sous le régime du traité	94,759,569	11,976,649
Différence au bénéfice du traité	52,158,753	4,786,235

Soit une différence d'environ 47 millions et demi de *pesetas*, en 1885, à l'avantage de l'Allemagne.

On voit que depuis la mise en vigueur du traité, l'Allemagne gagne *deux* quand l'Espagne ne gagne que *un*.

Si encore ces avantages en faveur de la blonde Germanie devaient l'empêcher de continuer l'élaboration, dans ses usines de Hambourg, entre autres, du *Jérez* avec de l'alcool et des essences (¹)! Mais pourquoi fermer des *usines à vins* qui donnent de gros bénéfices? Et, d'ailleurs, puisqu'il y a aujourd'hui le *Cognac allemand*, ne serait-il pas dommage de voir disparaître le *Jérez allemand?*

Mais une agitation salutaire se produit depuis quelque temps en faveur de la distillerie nationale : le gouvernement, des sociétés viticoles et agricoles, des chambres de commerce.

(¹) Au cours d'un voyage, l'auteur de ce livre faillit être malade après avoir ingéré un demi-verre de « Jérez » dont l'étiquette, bien qu'écrite en espagnol, portait l'empreinte tudesque.

enfin de nombreux viticulteurs de la péninsule se sont émus, tant au point de vue de la santé publique qu'à celui de la prospérité du pays, des proportions gigantesques atteintes ces temps derniers par l'importation de l'alcool employé à alcooliser les vins et à fabriquer les liqueurs. C'est que les inconvénients qui en résultent pour la réputation des vins peuvent avoir des conséquences désastreuses ; de plus, des bras nombreux restent inoccupés dans les contrées où jadis l'on distillait.

Le rapporteur de la Commission spéciale instituée par le gouvernement pour étudier la question vinicole, M. Juan Maisonnave, terminait de la manière suivante son rapport, daté d'avril 1886 :

L'addition de l'alcool d'industrie à nos vins est non seulement préjudiciable à la santé des consommateurs, mais encore elle est une cause de la dépréciation dont nos vins souffrent, dépréciation qui ira s'accentuant si l'on ne tient pas compte des réclamations faites par les marchés vinicoles importants.

Il faut dire que le rapport de M. Juan

Maisonnave, remarquable en tous points, est le fruit d'une volumineuse correspondance entretenue avec les Conseils provinciaux d'agriculture et les principaux propriétaires de vignobles du royaume.

Voici, d'autre part, le rapport de la Commission nommée par le Conseil de la Société espagnole viticole et œnologique, pour examiner la question, approuvé en séance du 11 avril 1887 :

La Commission est d'avis que, bien que les alcools d'industrie ne communiquent pas aux vins des propriétés proprement toxiques, leur usage dans la vinification doit être prohibé, du moment qu'ils peuvent contribuer à introduire dans le vin des produits nuisibles et étrangers à sa composition, fût-ce même en très petite proportion. Elle estime, d'autre part, que l'on peut limiter beaucoup l'emploi de tout alcool ne provenant pas du moût lui-même, et aller même jusqu'à supprimer le vinage, pratique qui, loin d'être justifiée pour être devenue d'un usage si général, constitue dans un grand nombre de cas un abus véritable. Les vins d'Espagne bien faits ne doivent pas avoir besoin d'être additionnés d'alcool pour se conserver, et si une fabrication défectueuse le réclame, il est clair que c'est ce système de fabrication qui demande à être amélioré en premier lieu, de manière que le vinage cesse d'être une ressource blâmable, un prétexte pour dissimuler les défauts et les erreurs que nous déplorons tous dans les méthodes actuelles de vinification, et une dépense de plus pour le viniculteur. Nous sommes certainement encore bien loin de cette suppression; mais, bien que son vœu n'ait pas un caractère radical et ne soit pas destiné à donner des résultats immédiats, la Commission ne pouvait moins faire que de constater la convenance et l'efficacité de cette mesure, comme moyen de mettre fin aux plaintes auxquelles donnent lieu aujourd'hui l'alcoolisation des vins et les falsifications qu'elle engendre.

En attendant, comme les abus sont grands actuellement et que ces abus continueront, il est absolument indispensable d'édicter quelques dispositions qui tendent à les empêcher. La Commission reconnaît nécessairement que l'addition d'alcool est une pratique légale; mais du moment que l'on a constaté les inconvénients que présente l'introduction d'alcools impurs dans les boissons, elle croit qu'il n'est plus légal de donner ou de vendre, comme vins proprement naturels, ceux qui accusent la présence des produits étrangers et nuisibles qui accompagnent d'ordinaire les alcools d'industrie. Une semblable détermination implique l'établissement de nombreux laboratoires d'analyse et une vigilance extrême de la

part de l'Administration, qui ne montrera jamais trop
de rigueur dans une matière qui intéresse si vivement
l'hygiène publique. La Commission ne s'est point
dissimulé ces difficultés; mais par cela même
qu'elles existent et qu'elles aident admirablement
à se railler de toute mesure de surveillance et de
toutes les précautions qu'il serait possible de prendre
en l'état actuel des choses, parce que l'on est hors
d'état de soumettre à l'analyse tout le vin qui se
consomme chaque jour, on est d'autant plus tenu
d'édicter des peines sévères, hors de proportion même
avec le délit commis, contre les abus doublement de
mauvaise foi qui viendraient à être découverts. La
punition énergique d'un délit découvert suppléerait,
jusqu'à un certain point, à l'impunité de ceux que
les moyens dont on dispose n'auraient pas permis
d'atteindre.

Mais, sans aucun doute, ce qui importe le plus
dans la question, c'est de démontrer qu'en Espagne
nous pouvons produire, et en grande quantité, de
bon alcool, et d'indiquer les mesures propres à favoriser l'établissement et le développement de sa fabrication. A ce point de vue, l'utilisation des résidus
mêmes de la fabrication du vin, notamment du marc
et de la râpe, présente une importance exceptionnelle.

On sait l'importance relativement grande qu'a eue
pendant quelque temps dans notre pays l'exploitation
de cette matière première, exploitation aujourd'hui

ruinée par la concurrence des alcools étrangers, qui
a amené la fermeture de centaines de fabriques espagnoles. Mais aujourd'hui que, grâce aux progrès
incessants de la science et de l'industrie, nous savons
que l'objet de cette exploitation ne doit plus se limiter
à l'extraction de l'alcool, mais bien s'étendre à celle
des tartres, si abondants dans nos marcs et qui cons-
tituent un produit commercial de la plus grande
importance, ainsi qu'à celle du tannin, matière colo-
rante naturelle, de l'huile de pépins de raisins, etc.,
nous cessons de trouver aussi forcée cette lamentable
décadence dans laquelle est tombée notre production
d'alcool. La Commission pourrait s'étendre beaucoup
sur ce point important qui ne contient rien moins que
la question de la régénération de notre industrie
nationale des alcools; mais elle doit se borner à
exposer quelques faits d'un caractère essentiellement
pratique et qui ont d'autant plus de valeur qu'ils
s'appliquent à des matières premières de notre propre
pays et des résultats déjà obtenus en Espagne.

Le marc de raisins accuse une richesse qui oscille
entre 0,5 et 5 0 0 en poids. Dans plusieurs régions
on obtient industriellement 2 0 0, ce qui paraît un
terme moyen raisonnable; mais, alors même qu'on
n'obtiendrait pas ce rendement, que l'on songe que
le tartre brut obtenu se paie, sur les divers marchés,
un prix qui ne descend presque jamais au-dessous de
pesetas 1,50 le kilogramme. En calculant pour le marc

le prix de pesetas 2 à 2,25 les 100 kilos, valeur qu'il est bien loin d'atteindre dans la majeure partie de nos cantons, malgré que dans quelques-uns elle soit plus élevée, il est facile de déduire l'importance et les résultats qu'aurait cette industrie. Elle s'est soutenue et se soutient encore sur pas mal de points, exclusivement avec le produit de l'alcool extrait. Or, étant donnés les cours actuels des alcools, on est fondé à admettre que c'est une opération qui ne donne ni gain ni perte. Mais, quand même cette supposition ne serait pas tout à fait exacte, un fait certain, c'est que la valeur du tartre peut égaler, sinon surpasser celle de l'alcool, et que sa production n'exige que des frais tout à fait insignifiants.

On peut se faire une idée de l'importance de cette industrie par les chiffres ci-après, dans lesquels est comprise l'exploitation d'un autre résidu important de la vinification, les lies.

Le marc peut produire en Espagne 140,000 hectolitres d'alcool calculé à 100 degrés centésimaux qui, à 50 pesetas, vaudraient 7 millions de pesetas, et 10 millions de kilogrammes de tartre qui, à pesetas 1,50, représentent 15 millions de pesetas; les lies peuvent produire 52,800 hectolitres d'alcool valant 2,640,000 pesetas et 132,000 quintaux métriques de pâte sèche qui, vendus à 35 pesetas, représentent 4,620,000 pesetas; enfin, le résidu du tout représente 250 millions de kilogrammes de matière qui, à pesetas 0,30 les 100 kilogrammes, vaudraient 750,000 pesetas.

Total, plus de *30 millions de pesetas*, sans compter la valeur des huiles, du tannin, etc. Et, si l'on rectifiait les alcools pour les obtenir purs et sans mauvais goût, et si l'on traitait le tartre, comme cela se fait déjà en quelques endroits, pour la production de la crème de tartre blanche ou de l'acide tartrique, il en résulterait une valeur totale de produits industriels approchant de *50 millions de pesetas*.

D'autre part, la situation précaire de notre industrie vinicole qui s'accentue de plus en plus, l'excès de production, l'abondance des vins défectueux ou altérés, imbuvables ou inexportables, la rareté même de l'alcool vinique, font songer à l'exploitation de cette matière première, le vin lui-même, objet d'une industrie de si grand avenir en Espagne ; d'autant plus que le temps est passé où l'on nous offrait des prix élevés pour ces moûts mal élaborés qui aujourd'hui remplissent, et plus tard encombreront encore davantage nos caves, de sorte que ce qui aurait paru absurde autrefois pourra devenir demain, sinon même aujourd'hui, éminemment pratique.

De toute manière, et étant admise la convenance de limiter le plus possible l'alcool, il est absolument indispensable que ce produit soit pur et que, quelle que soit sa provenance, il soit non seulement rectifié, mais épuré s'il doit être introduit dans les boissons.

Cela étant, des distilleries auraient leur place toute trouvée en Espagne, avec ou sans les alcools étrangers qui demanderont à être épurés.

En considération des observations qui précèdent et dans le but de favoriser la création et le développement des industries dont il vient d'être parlé, la Commission demande la libre importation en Espagne des appareils distillatoires et l'exemption pour eux de tout impôt.

Ces mesures, qui seraient toujours acceptables, le sont plus encore si l'on considère que, dans l'état actuel des choses, ni l'importation des appareils de cette espèce ni notre production d'alcool n'ont de véritable importance, et que par conséquent l'Etat ne se priverait ainsi d'aucun revenu dont il vaille la peine de tenir compte.

En faisant ce rapport, inspiré par les conclusions déjà approuvées par le Congrès de viniculteurs, qui s'est dernièrement réuni à Madrid, la Commission a eu l'occasion de constater une fois de plus les difficultés que présente l'objet soumis à son étude, celles notamment que l'on a à vaincre lorsqu'il s'agit de faire passer dans la pratique les dispositions émanées du pur raisonnement. La Société devra donc employer son influence d'une manière permanente dans le sens des diverses observations qui précèdent et pour la défense des propositions qui les résument et que la Commission formule ainsi :

1º Conseiller aux viniculteurs d'éviter d'additionner

leurs vins d'alcool, notamment d'alcool d'industrie, tel qu'il est importé en Espagne, objet en vue duquel il est nécessaire de réformer et de perfectionner les systèmes de la fabrication, de manière que le vinage ne devienne nécessaire pour la conservation des vins que dans des cas tout à fait exceptionnels.

2° Edicter des peines sévères pour les cas où serait découverte dans les vins ou toute autre espèce de boissons la présence de l'alcool amylique.

3° Pour favoriser la fabrication de l'alcool de vin dans notre pays, inviter le gouvernement à accorder la suppression ou la suppression temporaire des droits qui frappent les appareils distillatoires modernes à leur entrée en Espagne.

4° Encourager l'exploitation du marc de raisin, comme matière première très abondante dans notre pays, au double point de vue de sa richesse en alcool et de sa richesse en tartre, afin de régénérer cette antique industrie, autrefois limitée à la production de l'eau-de-vie et qui doit s'étendre aujourd'hui à celle des tartres, du tannin, des colorants naturels, de l'huile de pépins de raisins, des huiles essentielles et des engrais.

5° Pour favoriser l'établissement et le développement de cette industrie en Espagne, obtenir qu'elle soit affranchie de toutes impositions, ou du moins que les fabriques qui travailleront les marcs de raisins en soient exemptes pendant quelques années. Ce privilège devrait être étendu aux distilleries de vin et aux établissements pour l'épuration et la rectification de toute espèce d'alcool.

6° Utiliser les lies pour le même objet que les marcs.

7° Non seulement rectifier, mais encore épurer et raffiner jusqu'à obtention du véritable alcool éthylique, aussi bien les alcools dits d'industrie que ceux provenant du marc, des lies et des vins défectueux, toutes les fois qu'il sera absolument nécessaire de les employer dans la vinification ou qu'ils seront destinés à la fabrication de liqueurs et autres boissons.

8° Attendu que les difficultés provenant des falsifications commises sur les vins et l'importation d'alcools impurs ne peuvent être résolues ni même atténuées sur-le-champ, rien qu'en proposant des mesures dans ce but, aussi sages et bien étudiées qu'elles soient, la Société vinicole et œnologique s'offre d'être, auprès des pouvoirs publics, l'interprète des pétitions et réclamations qui émaneront de ses délégations dans les diverses villes d'Espagne et des producteurs en général.

Madrid, le 28 mars 1887.

J.-M. Martinez Añibarro, Ramón Cepeda, Joaquín Garralda.

Mais s'il nous paraît de toute nécessité pour l'Espagne de lutter contre l'importation des alcools, il est non moins indispensable à ce pays de perfectionner ses moyens de distillation et de rectification, car des tarifs douaniers élevés ne suffiraient pas à empêcher l'emploi de ces alcools, dont le goût neutre fera toujours délaisser des eaux-de-vie, qu'elles soient de marc ou de fruits, susceptibles de communiquer au vin un goût désagréable et partant d'empêcher sa vente.

Ce n'est donc qu'une question d'outillage et de procédés, la matière première ne manquant pas. Ce serait le cas d'engager le gouvernement espagnol à créer une école spéciale de distillerie comme il y en a plusieurs en Allemagne et comme on va en établir une en France : chose précieuse, assurément, au point de vue économique, qu'une pépinière de distillateurs.

Parmi les liqueurs de toutes sortes qu'on fabrique, l'*anisado* ou eau-de-vie anisée joue un grand rôle.

A ce nom d'*anisado* viennent s'ajouter, selon le genre, les qualificatifs de *fuerte, dulce, suave, de casca, compuesto,* etc. ([1]).

([1]) Fort, doux, suave, de marc, composé, etc.

A Huesca, Barcelone, Gérone, Madrid, Valence, entre autres localités, on fabrique l'*anisete de Burdéos* (1).

Les liqueurs classiques telles que le Curaçao, le Kirsch, le Genièvre, la Chartreuse, le Raspail, le Marasquin et autres, font également partie des liqueurs espagnoles.

Après les liqueurs, il est bon de parler des *Mistelas*, vins liquoreux, blancs et rouges, le plus souvent mutés à l'alcool, et titrant environ 15 degrés. Il y a aussi les *Moscatels*, récoltés sur divers points du territoire.

Les vinaigres rouges et blancs, faits avec du vin, des résidus de vendange et autres substances, sont l'objet d'un commerce intérieur fort important.

On fait également des vins de fruits, principalement dans les provinces de Murcie, Valence, Alicante et Guipuzcoa.

Dans cette dernière, en Biscaye et autres parties du versant septentrional, les pommiers

(1) Anisette de Bordeaux.

Hectolitres
IMP de 1850 à 1886
1.000.000
975.000
950.000
925.000
900.000
875.000
850.000
825.000
800.000
775.000
750.000
725.000
700.000
675.000
650,000
625.000
600.000
575.000
550.000
525.000
500.000
475.000
450.000
425.000
400.000
375.000
350.000
325.000
300.000
275.000
250.000
225.000
200.000
175.000
150.000
125.000
100.000
75.000
50.000
25.000
ANNÉES 18 . 80 . . . . . 85 86

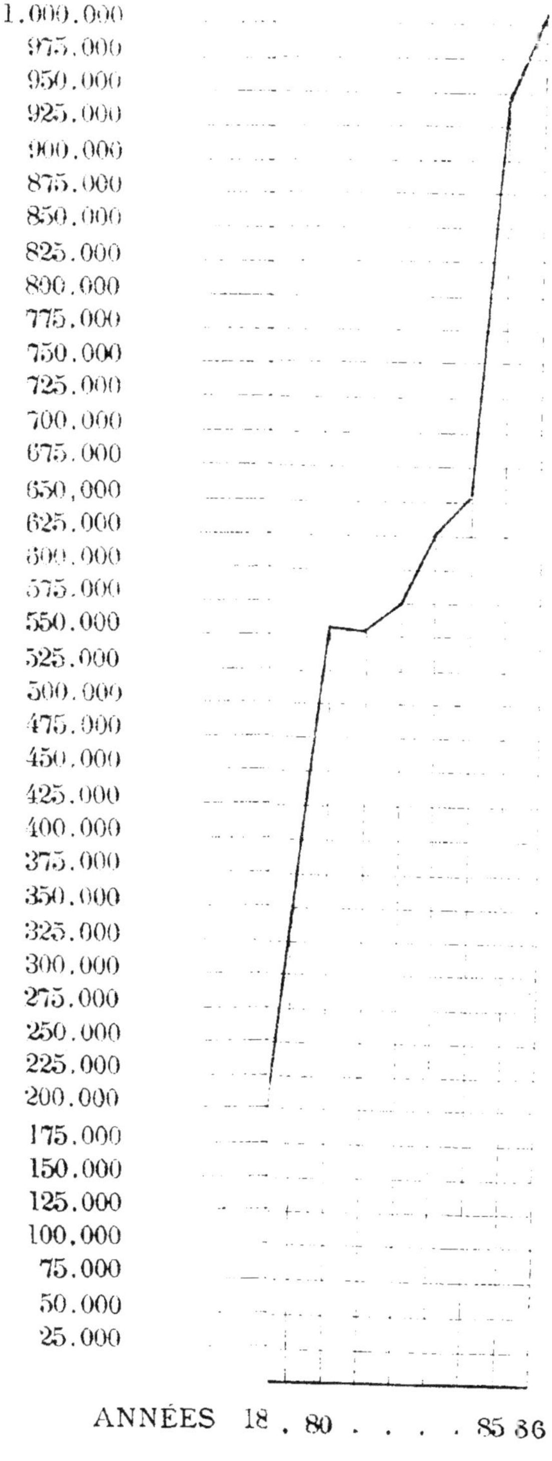

DIAGRAMME No 2

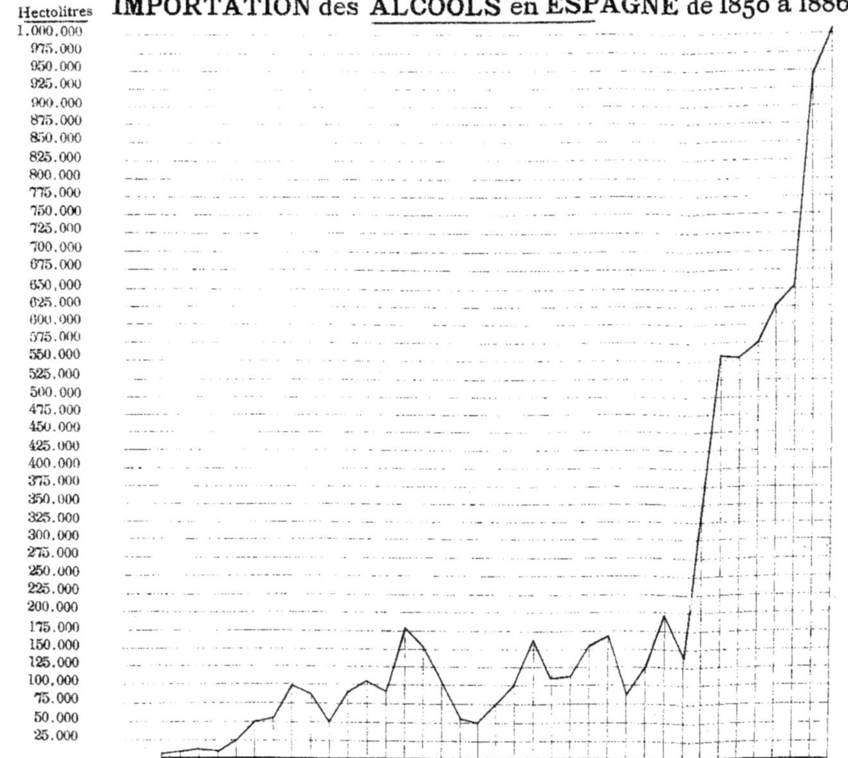

IMPORTATION des ALCOOLS en ESPAGNE de 1850 à 1886
Hectolitres
1.000.000
975.000
950.000
925.000
900.000
875.000
850.000
825.000
800.000
775.000
750.000
725.000
700.000
675.000
650.000
625.000
600.000
575.000
550.000
525.000
500.000
475.000
450.000
425.000
400.000
375.000
350.000
325.000
300.000
275.000
250.000
225.000
200.000
175.000
150.000
125.000
100.000
75.000
50.000
25.000
ANNÉES 1850 . . . . 55 . . . . 60 . . . . 65 . . . . 70 . . . . 75 . . . . 80 . . . . . 85 86

se trouvent en quantité suffisante pour permettre, sur une assez vaste échelle, la fabrication du cidre et de l'eau-de-vie de cidre.

Importation du Rhum des Colonies espagnoles.

	1885 Hectolitres	1886 Hectolitres
Cuba.	63,448	66,878
Porto-Rico.	1,396	1,091
Philippines.	10	»
Totaux.	64,854	67,969

Exportation des Eaux-de-vie et Alcools.

	1885 Hectolitres	1886 Hectolitres
Eau-de-vie commune.	9,528	8,881
Eau-de-vie *anisado*. .	6,552	6,304
Alcool.	8,336	5,980
Totaux.	24,416	21,165

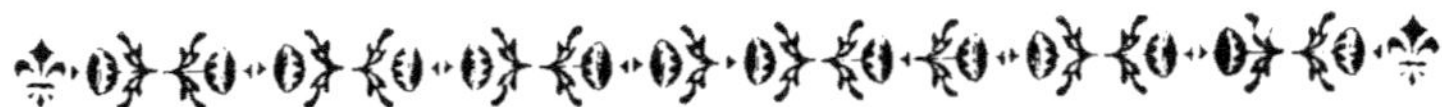

CHAPITRE XII

Consommation du vin a l'intérieur. — Prévisions.

La quantité de vin consommée annuellement en Espagne, par les 16 ou 17 millions
d'habitants de ce pays, est évaluée à environ
8 millions d'hectolitres.

Une très grande disproportion de consommation se manifeste entre les différentes
parties de la péninsule. C'est ainsi qu'en
certaines contrées la moyenne annuelle de
cette consommation ne dépasse pas trois
litres par habitant, tandis que dans d'autres
elle s'élève à 100 litres et au-dessus.

La sobriété de l'Ibère est incontestée, et il a

besoin que l'exportation vienne tout au moins lui enlever les 8 à 12 millions d'hectolitres de vin qu'il ne consomme pas, sans quoi ce produit redeviendrait embarrassant pour lui comme jadis.

Préoccupée des conséquences ruineuses qui résulteraient pour le pays de la fermeture du marché français, le jour où celui-ci se suffirait avec ses propres produits, la presse spéciale, toujours vigilante, a mis au jour de nombreuses études touchant la question [1]. Des particuliers, des associations ont essayé de pénétrer directement dans la consommation, sur diverses places de la Hollande, de la Belgique et de l'Angleterre, et ont cherché à réaliser les types de consommation courante ainsi que leur conditionnement: nous avons vu en partance pour Londres des vins logés en barriques bordelaises portant cette étampe.

[1] *El Boletin agrícola*, *La Gaceta agrícola del Ministerio de Fomento*, *La Cronica de vinos y cereales*, *Los Vinos y los Aceites*, *La Revista del Instituto de San Isidro*, *Le Reforma agrícola*, etc.., et, parmi les journaux politiques, *El Dia*, font beaucoup en faveur de la viticulture et du commerce des vins.

Rioja claret, et des vins en bouteilles étiquetés *Médoc*. Mais, jusqu'à présent, ces tentatives sont restées isolées, et nous pensons que de ce côté l'Espagne ne doit pas s'illusionner. S'il y a en elle l'étoffe d'une nation vinicole de premier ordre, il lui est aussi impossible de produire du Médoc qu'il est impossible à la France de faire du Jérez : les cépages se transportent, les méthodes s'imitent, mais on ne déplace ni le sol ni le climat.

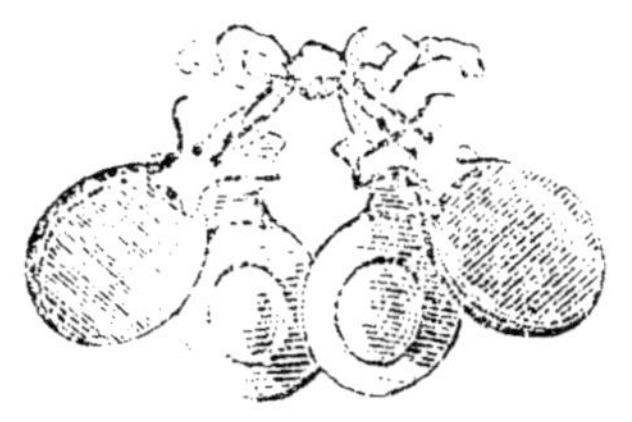

APPENDICE

NOTES SUR LE RENDEMENT DE LA VIGNE

On ne sait encore rien de précis sur le rendement en hectolitres de vin, par hectare, du vignoble espagnol. C'est encore une question de cépage, de terrain et de climat.

A Malaga, on compte, dans les vignes à vin, *cinquante arrobas* (huit hectolitres), par *obrada* (1) de mille ceps plantés à sept pieds de distance.

A Valdepeñas, les vignes à vin rouge donnent, en moyenne, de sept à neuf hectolitres de vin par hec-

(1) Étendue de terrain qu'une paire de mules ou de bœufs peut labourer en un jour.

tare, et celles à vin blanc de quinze à vingt hectolitres
— production réduite, on le voit; — mais comme les
terrains où elles se trouvent plantées ne valent rien
pour les céréales, on s'estime heureux de pouvoir y
cultiver la vigne, quelque faible que soit son rendement. Les plantations sont très espacées, deux mètres
cinquante environ de distance entre chaque cep.

Dans la province de Madrid, du côté de Navalcar-
nero, on estime que 1,300 pieds de vigne, plantés
dans un hectare de terrain, donnent environ 22 hectolitres de vin pour les terrains de première classe,
18 hectolitres pour ceux de seconde, 10 hectolitres
pour ceux de troisième. A Chinchon, Morata et
environs, les terrains de première classe donnent
38 hectolitres à l'hectare, ceux de seconde classe,
27 hectolitres et ceux de troisième 19 hectolitres, avec
seulement 894 ceps à l'hectare. Dans ces dernières
contrées, le rendement normal de 100 kilog. de raisins
provenant de vignes de *secano* et de *regadio* (¹), et
par conséquent mêlés, est de 50 à 60 litres de vin.

(¹) Voir page 88 l'explication de ces termes.

Exportation des vins par le port de Pasages de 1880 à 1886
ET PENDANT LES QUATRE PREMIERS MOIS DE 1887.

ANNÉES	PIPES	HECTOLITRES	DESTINATIONS		
			BORDEAUX	PARIS	AUTRES PORTS
			Hectolitres	Hectolitres	Hectolitres
1880	2,996	17,360	10,240	»	7,420
1881	20,048	115,461	89,865	6,768	18,828
1882	36,301	208,998	133,029	50,733	25,236
1883	39,903	266,400	148,958	91,494	25,938
1884	51,260	330,524	135,054	188,483	7,287
1885	100,370	644,210	88,412	528,630	27,168
1886	54,628	350,318	55,340	279,628	15,350
TOTAL	305,506	1,933,271	660,908	1,145,436	126,927
1887. Janvier	15,936	96,072	26,348	67,509	2,215
— Février	10,460	62,706	15,323	45,142	2,241
— Mars	11,053	64,695	45,158	48,463	1,074
— Avril	10,250	61,238	27,507	32,154	1,577
TOTAL	47,699	284,711	84,336	193,268	7,407

Exportation des vins par Port-Bou.

Port-Bou, qui était, il y a une dizaine d'années, une station sans importance, habitée seulement par quelques pêcheurs, a vu, grâce à l'exportation des vins qui se fait par la Compagnie des chemins de fer de *Tarragona à Barcelona y Francia* et celle du Midi, s'accroître sa population, qui est aujourd'hui d'environ 1,600 habitants.

Voici, en chiffres ronds, le trafic des vins, à destination de Béziers, Cette, Toulouse, Bordeaux, Marseille, Nimes, Montpellier, etc., de 1883 à 1886, et pendant les quatre premiers mois de 1887 :

	Pipes.			Pipes.
1883	142,000	1887. Janvier		22,000
1884	125,000	— Février		17,000
1885	120,000	— Mars . . .		11,250
1886	135,000	— Avril . .		9,500

Importation des vins en Espagne en 1885 et 1886.

	1885	1886
	Hectolitres	Hectolitres
Vins mousseux	1.871	2.122
Autres vins	20.308	30.391

TABLE DES MATIÈRES